WHAT KIND OF CITY IS **THE BEST**

什么样的城市是
最好的城市

连玉明 ◎ 著

U0299386

当代中国出版社
Contemporary China Publishing House

图书在版编目(CIP)数据

什么样的城市是最好的城市/连玉明著. —北京：
当代中国出版社，2013. 10
ISBN 978-7-5154-0344-1

Ⅰ.①什… Ⅱ.①连… Ⅲ.①城市规划—研究
②城市建设—研究 Ⅳ.①F292

中国版本图书馆 CIP 数据核字(2013)第 236935 号

出 版 人　周五一
策划编辑　梅　一
责任编辑　李一梅
责任校对　方　宁
装帧设计　胡　凯
出版发行　当代中国出版社
地　　址　北京市地安门西大街旌勇里 8 号
网　　址　http://www.ddzg.net 邮箱：ddzgcbs@sina.com
邮政编码　100009
编 辑 部　(010)66572264　66572132　66572154　66572434
市 场 部　(010)66572281 或 66572155/56/57/58/59 转
印　　刷　北京盛源印刷有限公司
开　　本　880×1230 毫米　1/32
印　　张　7.375 印张　120 千字
版　　次　2014 年 3 月第 1 版
印　　次　2014 年 3 月第 1 次印刷
定　　价　42.00 元

自 序

新型城镇化"新"在哪里

一

　　2013年底，中央经济工作会议期间首次"套开"中央城镇化工作会议。这是十八大后首次召开的，也是改革开放以来召开的首次全国性城镇化工作会议。这次会议深刻阐述城镇化的新内涵、新价值、新思路，三个"首次"标志着中国城镇化正在转型，预示出中国城市的价值导向和发展趋势，并对未来中国经济社会发展格局产生深刻影响。可以肯定，新型城镇化将成为中国经济升级版的重要动力，成为未来10年中国发展的重大主题。概括起来讲，这个"新型"城镇化就是一个创新的、智慧的、绿色的城市区域体系。

二

　　新型城镇化是基于城市区域体系的城市群战略。所谓城市区域体系，是指以特大城市为核心，大中小城市、城镇、农村协调发展的新型城镇体系。它将破解城乡分离、城际分离、城域分离三大难题，重新塑造新型城乡关系、城际关系和城域关系。这三大关系所重构的城镇体系，本质就是城市群战略。

　　从 2013 年年底召开的中央农村工作会议看，提出到 2020 年 3 个 "1 亿" 的目标，即解决约 1 亿进城常住的农业转移人口落户城镇、约 1 亿人口的城镇棚户区和城中村改造、约 1 亿人口在中西部地区的城镇化。对中央经济工作会议、中央城镇工作会议、中央农村工作会议的研判可以得出三个基本结论：一是 "城市群作为主体形态" 预示着中国城镇化规划将以城市群战略为核心全面展开；二是发展城市群成为破解 "大城市病"，特别是人口过快无序增长、交通拥堵、空气污染、水资源短缺、高房价与 "贫民窟" 现象的必然选择；三是中西部城市群将成为未来发展的主阵地。

三

　　新型城镇化究竟 "新" 在哪里。或者说，什么是创新的新型城镇化？概括起来，创新的新型城镇化有五个新变化或者新趋势：

一是从土地城镇化到人口城镇化。2013 年虽然常住人口城镇化率达到 52.57%，但户籍人口城镇化率却仅为 35.29%，这 17 个百分点之差反映出 2 亿多农民工未能在教育、就业、医疗、养老、保障性住房等方面平等享受城镇居民的基本公共服务。为此，中央城镇化工作会议提出"解决好人的问题是推进新型城镇化的关键"，强调"把促进有能力在城镇稳定就业和生活的常住人口有序实现市民化作为首要任务"。

二是从拼数量到提质量。淡化城镇化率考核，限制圈地、建楼、造城竞赛，转变外延式、粗放型、"摊大饼"式的发展模式，大力提高城镇土地利用效率，实现土地城镇化和人口城镇化协调发展。

三是从集中到融合。在城镇化过程中，人口向城镇集中、产业向园区集中、土地向规模经营集中是我们的经验。在此基础上，更加注重"三个融合"，即农村、农民、农业相融合、一产、二产、三产相融合，生产、生活、生态相融合。

四是从市长造城到市场育城。计划经济时代控制城市规模的方法被实践证明是失败的。中央城镇化工作会议传递出"十不准"信号，即不准违背自然规律蛮干、不准乱跟风大跃进、不准盲目大拆大建、不准一味求洋求异、不准造新城变"鬼城"、不准让市民成流民、不准一届政府一张图、不准再搞千城一面、不准"住上楼万事愁"和不准乱举债摊大饼，这"十不准"的关键是避免和遏制政府的投资冲动和政绩冲动。

五是从物的城镇化到人的城镇化。"要体现尊重自然、顺应自然、天人合一的理念，依托现有山水脉络等独特风光，让城市融入大自然，让居民望得见山、看得见水、记得住乡愁"，这是中央城镇化工作会议的新要求。多些自然风光，少些水泥森林。留住自然、留住文化、留住历史，才能留住记忆、留住乡愁。

四

什么是智慧的新型城镇化？用一句话讲，就是先进的理念、先进的技术、先进的模式的集合体。一个好的城市，一定有先进的发展理念、科学的发展思路、明确的发展定位和创新的发展模式。新型城镇化背景下的城市发展，是精明增长和精细管理下的城市发展，是信息化、数字化和网络化基础上的城市发展，是政府治理、社会治理、城市治理一体化和现代化过程中的城市发展。

大数据时代的新型城镇化，人们获取信息方式发生变化、交友或交往方式发生变化、生活方式发生变化、思维方式发生变化、人的价值观发生变化、社会组织形式发生变化，这些变化、交叉和叠加带来了多种秩序的重构，打破了现实社会交往中的时空阻隔和社会障碍，打破了传统组织的层级化结构，弱化了身份意识和自我认知，网络聚合效应改变着传统组织机构和社会管理机制，思维方式从因果性转向相关性。

由此，人与人沟通转向人与世界沟通互联，计算机和网络成为城市管理最基本并普遍使用的工具，数据整合、共享、开放和集成运用成为智慧管理的核心，数据膨胀和信息爆炸对社会发展和传统管理模式提出新挑战，城市价值链及其协同创新在城市管理中更具战略地位，个人生活的方方面面逐步纳入数字化，个人隐私和信息泄漏或被滥用成为管理忧患。可以判断，网络社会建设成为创新城市发展的必然选择，线上线下一体化成为城市战略管理的重中之重，构建网络空间秩序成为政府与社会的共同责任。智慧城市必将占领城市发展的制高点，"互相尊重、信息共享、传播正能量、文明和谐、维护安全、依法治理"成为网络社会共同遵守的新规则。

五

新型城镇化的落脚点是绿色的城镇化。这种绿色可以概括为生态、环保、节能、循环，核心是低碳。低碳已经不是一个新概念，而是即将到来的新的生活方式。低碳城市，本质上是城市发展模式的选择。未来的城市，特别是大城市和特大城市，最大的挑战是人口膨胀。人口膨胀必然带来能源危机。能源危机必然引发新的能源革命，新的能源革命必然带来新的产业革命，新的产业革命必然导致新的生活方式革命。这三大革命的核心必然是绿色、生态、低碳，这就是新型城镇化的新的发展模式。

对城市来说，创新发展模式必须坚持低碳战略、低碳规划、低碳产业、低碳文化和低碳管理的系统推进，坚持以低碳战略明确城市发展方向，以低碳规划优化城市发展功能，以低碳产业转变城市发展方式，以低碳文化凝聚城市发展动力，以低碳管理创新城市管理体系，将工业化、信息化、城镇化、农业现代化纳入生态文明轨道，从而构建宜居、宜业、宜学、宜商、宜游的低碳城市路线图，这才是最高价值的新型城镇化。

2014 年 2 月 19 日于四川广安

WHAT KIND OF CITY IS THE BEST
什么样的城市是
最好的城市

目录 Contents

什么样的城市是最好的城市

中国的城市正处于战略转型的关键时期。战略的转型就是要从过去的经济增长转变为经济社会的协调发展；从过去的政府管理转变为社会管理；从过去的领导思维转变为执政思维。而这一切都必须在科学发展观和构建和谐社会两大治国方略的指导下，以城市化的快速推进为基础。随着城市化进程的不断加快，城市综合竞争力的不断增强和城市管理体制改革的不断深化，我们不仅需要用全面创新的城市管理来创造中国城市的最大价值，更需要以全面提升的生活质量来标明中国城市的全新高度。

我们以"创新城市管理，创造城市价值"为主题来讨论城市所有的前沿问题，揭示未来 5—10 年中国城市发展新的坐标。我们愿意和大家一起讨论一个共同关心的话题，那就是什么样的城市是最好的城市。为此，我们历经两年多时间，对中国 100 个城市做了大量的案例研究、数据分析和科学考察，并且通过新华网和中国政务信息网对 70 万网民做了网上调查。以此为基础，我们运用主客观相结合的评价体系，在国内首次推出了"中国城市生活质量指数"，编制了中国首部《中国城市生活质量报告》，并对中国大陆 GDP 排名前 100 位的城市进行了生活质量的排序。这些研究的核心，更进一步印证了生活质量是检验城市价值的重要标准。科学发展观的核心是以人为本，构建和谐社会的关键是人文关怀，而生活是人文关怀和以人为本最重要的体现。从生活质量出发，来探索和揭示未来城市建设和发展的新的价值导向，是我们关注的议题。

那么，究竟什么样的城市是最好的城市呢？我们的研究表明：

最好的城市是先规划、后建设的城市

当前，中国城市之所以出现了种种问题，一个重要的原因就是先建设后规划，边建设边规划，甚至只规划不执行，这就导致了城市建设的无序开发和城市破坏的不可逆转。众所周知，城市建设的不可重复决定了城市规划必须具有先导性和前瞻性。对于城市化来说，规划必须先于建设。如果规划滞后，即使再高标准的建设、再高水平的管理也无济于事。

为什么现在大城市的交通越来越拥堵？交通拥堵作为城市化进程中一种典型的"大城市病"，它具备两个特点：一是交通作为一种基础设施，具有很长的潜伏期，有的是10年，有的是20年，甚至更长。二是在各种因素的诱导下，交通堵塞一旦爆发，就会转移。表面上来看是一个交通问题，实际上已经转移为人、车、路一个交通堵塞的链条，甚至形成城市管理综合征。为了缓解交通，政府要不断地增加人力、物力、财力，如果不能把交通问题提到战略规划的高度来解决，即使政府不惜代价、不计成本也会收效甚微。曾培炎副总理曾指出，"规划的浪费是最大的浪费，规划的节约是最大的节约"。在城市化浪潮强大动力的推动下，中国城市化率从15年前的18.9％已经增长到2004年末的41.8％，平均年增长率为1.55％。今后15年，城市化率的增长率每年不会低于1％，如果把城市化比作一辆火车，那么城市规划就是铁轨，火车头的动力越足，就要求轨道的刚性越好。从这个角度讲，城市规划对中国是前所未有的机遇和挑战，我们不能让城市输在规划上。因此，城市只有先规划、后建设，才能从战略定位不准确、空间布局不合理、发展模式不集约这三大瓶颈中走出来，才能建设和发展一个"最好的城市"。

最好的城市是能够把握成长关键期的城市

城市的发展是有规律的。当人均 GDP 达到 3000 美元以上，城市化率达到 40％以上，城市化进程就进入了成长关键期。目前，城市化水平以 1％的速度快速推进，城市建设的力度在不断加大，估计每年的建设量按面积计算已占到全球的40％，中国每年消耗的水泥相当于全球的 45％。仅上海的建设量就相当于整个欧盟。

英国是最早完成城市化的国家，城市化率从 30％提到75％用了 200 年时间，美国用了 100 年时间，日本用了 70 年时间，韩国用了 50 年时间，而中国预计只用 40 年时间。用40 年时间完成发达国家 100 多年的城市化过程，必然会带来城市化高速发展背后的一些问题。高速发展对于一个国家、一个民族，从历史的进程来说是一个重大的机遇。但是城市化会带来一种巨变，这种巨变在高速城市化进程中会带来一些"大城市病"，比如大城市"摊大饼"式的铺张，能源紧张，人口膨胀，交通拥堵，生态环境恶化，甚至出现贫民窟。现在中国很多城市陷入盲目的"平面蔓延型扩张"、"圈地运动"、"造城运动"、"城市美化运动"，等等。数据显示，到 2003 年年底，大约有 182 座城市提出要建国际大都市的目标，过高的城市定位，一哄而上的开发热、CBD 热，并没有真正认识和把握城市成长关键期的特征。相反，却造成城市功能的重复和浪费，进而严重影响到城市健康、理性和可持续的发展。所以，中国的城市化不能再走城市蔓延的老路，而应该采取更加紧凑的模式，以最小的代价获得最大的回报，这才是最好的城市的成功之路。

最好的城市是适宜人居住的城市

什么样的城市适宜人居住？那就要看这个城市能不能真正以人为本，能不能真正实现人文关怀，能不能最大化地满足居住者多层次、多样化、个性化的物质和精神需求，一切从生活质量出发，为居民创造更加优美的环境，更加优良的秩序，更加优化的管理，更加优质的服务和更加优秀的文化。我们认为，宜居是城市价值的最高体现，生活质量是城市价值的核心。城市生活质量的高低是衡量城市价值是否最大化的重要标准。一个城市有没有价值，价值是不是最大化，不仅要看这个城市是不是具有强大的经济实力，更要看这个城市能不能提高老百姓的生活质量，以及能不能为它的居住者提供更多的就业机会和发展机遇。生活质量是检验城市价值的唯一标准。

研究表明，城市发展水平是城市生活的基础，但城市发展水平高并不等于城市生活质量高，城市发展水平和城市生活质量不完全成正比关系，我们把影响中国城市生活质量的关键因素概括为12个方面，即"衣食住行，生老病死，安居乐业"。

衣，指收入状况。丰衣足食靠劳动、靠创造。收入的高低源于劳动的贡献和创造的价值；食，指消费结构。恩格尔系数成为衡量消费水平的重要标志；住，指住房条件。有房住、买得起，不仅取决于房价的高低，更取决于房价的收入比；行，指交通便利。交通是人和物低成本、快速、自由流动。便利的生活不在于是否有车、是否买得起、养得起车，而在于出行是否需要车，是否快速、自由和低成本。

生，指教育程度。一个人的成长、成才、成功跟他受教育程度成正相关。教育不仅仅是获取知识，更重要的是懂常识、长见识；老，指社会保障。社会保障不仅让老年人、失业者和弱势群体受益，而且要惠及社会各阶层，包括每个人；病，指生命健康。看病难、看病贵绝无幸福可言。健康是生活的全部。对于渴望健康的病人来说，看得起、看得快、看得好才是最重要的；死，指人均寿命。人的发展、生活的意义、生命的价值，归根到底取决于寿命的延长。

安，指公共安全。任何时间、任何地点、任何条件下，生命是不受伤害的，并且尽最大努力减少或避免非正常死亡；居，指人居环境。天是蓝的，地是绿的，水是清的，人是笑的，每一天都是快乐的；乐，指文化休闲。人的进步是全面而自由的，除了物质，可以轻松享受精神之美、艺术之美、人文之美；业，指发展机会。从就业到创业，从职业到事业，从企业到产业，一步一步选择机会就是选择人生。

最好的城市是与众不同的个性化城市

为什么现在的城市都是千城一面？研究表明，有两个重要问题必须引起我们的高度关注。一是盲人摸象。有的城市在过度城市化的过程中，盲目追求经济增长，盲目调整城市规划，盲目崇洋媚外照抄照搬国外模式，盲目上马形象工程，盲目滥用权力使城市变大变快变洋。这些盲目性实质上就是政府行为、长官意志造成的"权力审美"，其结果就是"大城市复制美国，小城市复制欧洲"。二是拔苗助长。有些城市不顾自己的条件、特色，不计成本、不惜代价，拔高城市定位，扩张城市人口，过度开发土地，大拆大建，肢解城市规划，这种所谓"现代化"式城市开发使我们无法看到这个城市的历史痕迹，也无法传承这个城市的文化风貌。一个失去历史感和文化感的城市，一个失去自然和人性的空间，再多的高楼大厦，再多的草坪绿地，也会让人感到孤独和迷惘。土耳其的一位诗人说，"人的一生中有两样东西是永远不能忘却的。一个是母亲的面孔，一个是城市的面貌。"现在，中国的很多城市在人的记忆中逐渐消失了。城市要发展，旧城要改造，危房要消灭，但更重要的是要学会尊重自然，尊重城市，尊重市民，这些尊重的背后是文明的传承，是城市文化所折射出的个性的魅力。

最好的城市是老百姓期待和向往的城市

城市归根到底是市民的城市，生活在城市的人究竟在想什么？他们的期盼是什么？前些年，我们通过新华网和中国政务信息网组织了一次关于"未来5—10年中国城市发展的十大愿景"的网上调查活动。经过15万网民的投票，最终评选出的最期盼的十大愿景是：平价医疗、社会保障全覆盖、诚信、迁徙自由、扩大中等收入者、阳光政府、绿色生态、节水节能、宽容社会和防艾。这些愿景集中体现了市民对未来城市生活的向往，也是对城市生活质量提出的更高要求，更为关键的是为发展一个最好的城市提供了新的坐标。比如为什么平价医疗最引人关注？因为最大的不公是医疗。以至官方的结论认为，20多年的医疗卫生事业改革基本上是不成功的。为什么"诚信"的愿望如此迫切？因为我们这个社会缺少诚信以及缺少建立诚信的制度环境。为什么扩大中等收入者变成人们的期盼？因为在贫富悬殊、两极分化的社会结构中，贫富差距进一步扩大趋势正成为中国最不和谐、不稳定的因素。为什么节水节能从来没有像现在这样紧迫？因为全国660多个大中小城市，400多个城市严重缺乏。2004—2005年间，水荒、电荒、煤荒、油荒接连不断，能源紧缺正成为制约城市经济社会发展的"瓶颈"。为什么预防艾滋病也会前所未有地接近普通老百姓的现实生活和未来？因为中国正接近艾滋病爆发的临界点。据世卫组织报道，中国艾滋病感染者居亚洲第二。2004年全国流行病学调查显示，中国内地有艾滋病毒感染者84万人，其中艾滋病人约8万。北京从1998年开始艾滋病毒感染者以每年40.6%的速度递增。中国艾滋病疫情正处于由高危人群向普通人群大面积扩散的临界点。如果不采取有效措施，预计到2010年，中国艾滋病感染者将超过1000万人。防治艾滋病不仅是医学问题、伦理问题、社会问题，也是法律问题、经济问题，它已不是生活质量问题，而是威胁未来人类安全的大问题。艾滋病像一股无情的洪水正朝我们袭来。未来5年，如果我们不能把握绝无仅有的控制艾滋病的良机，我们将失去的不仅是生活，而是生命。

（2005年9月13日在中国城市论坛第二届北京峰会开幕式上的主题演讲）

改革开放 30 年与
城市发展的战略转型

1949 年到 1978 年，中国的城市化水平从 10.6% 增加到 17.9%，29 年提高了 7.3 个百分点，年均增长 0.26 个百分点；1978 年到 2007 年，中国的城市化水平从 17.9% 增加到 44.9%，这个 29 年提高了 27 个百分点，年均增长 0.9 个百分点，增长的速度是改革开放前的 3.57 倍。特别是 1998 年后，城市化率超过 30%，标志着中国城市化进入加速发展期。

从城市规模看，1978 年底，全国设市城市 193 个，其中人口超过 100 万的大城市仅 13 个。到 2007 年底，全国设市城市增加到 656 个，其中直辖市 4 个，副省级城市 15 个，地级以上城市 287 个。30 年城市数量增加了 463 个，100 万人口的大城市增加到 117 个，增长了 12 倍多。特别是以大城市为龙头形成的大城市群，成为引领中国经济社会发展的重要增长极。以长三角、珠三角、京津冀三大城市群为例，2007 年，三大城市群以只占全国人口的 25.5%，土地面积的 6.3%，实现了全国 GDP 的 46.5%，服务业增加值的 51.3%，出口的 77.9%，利用外资的 93.7% 和科技研发投入的 57.5%。

特别重要的是，30 年的改革开放推动了城市发展质量的显著提升。1991 年，中国城市一、二、三产业比重为 22.2：49.8：28.0，到 2006 年，三次产业比重为 3.5：50.7：45.8。17 年时间，第一产业比重下降了 18.7 个百分点，第三产业比重上升了 17.8 个百分点，尤其是以现代服务业为核心的第三产业的发展，对加快城市转型，优化城市功能，提升城市品质，改善生活质量起到了重要作用。

当然，这仅仅是城市发展的一个侧面。总的讲，改革开放 30 年是中国城市发生翻天覆地变化的 30 年。改革开放成为中国城市综合竞争力提升的重要源泉，而中国城市综合竞争力的提升又加速了中国改革开放的步伐。我们发布的《中国城市综合竞争力报告》，已充分证明了这一点。我们的研究表明，中国城市 30 年最显著的特点，概括起来就是：经济实力显著提升，创新能力显著提升，成长活力显著提升，投资潜力显著提升，人文魅力显著提升。这"五个力"和"五个显著提升",不仅说明城市硬实力在不断提升,而且也说明城市软实力在不断提升。北京奥运会成功举办已经证明了这一点,深圳、大连、青岛、杭州、苏州的发展实践也证实了这一点。改革开放的成就是有目共睹的,中国城市的繁荣也是有目共睹的。因此,改革开放必须坚定不移,毫不动摇。

我们也必须清醒地认识到,中国城市的发展还面临很多难题。比如人口的无序膨胀、交通拥堵、资源能源紧缺、生态环境恶化、城市边缘人群的贫困化趋势,等等。再比如城市集中度严重不足,"摊大饼"现象普遍存在,城市密度与效率的认识偏差,城市边缘破碎化和容积率平均化现象还很严重,等等。这些问题有的是实践方面的,有的是认识方面的,重要的是认识上的。这些都是制约中国城市化进程的瓶颈和障碍。

当然,中国城市化的潮流是势不可挡的。新一轮的思想大解放必然加速中国改革开放的进程,也必然推进中国城市化的进程。

我个人预测,中国城市未来 30 年将呈现十个方向新的趋势:

第一个趋势,城市人口突破 10 亿大关,住房和就业成为城市两大难点。到 2025 年,中国的城市化率将超近 66%,城市人口达到 9.15 亿，2030 年将突破 10 亿。城市化的加速发展，将迎来人口规模增长高峰、适龄劳动力就业高峰、人口老龄化高峰、流动人口增长高峰，以及艾滋病蔓延和爆发的高峰。

第二个趋势，人口超过 1000 万的巨型城市将达到 20 个，交通拥堵、资源紧缺、环境污染成为大城市的痼疾。北京、上海、广州、深圳、天津、武汉、重庆、成都首先进入巨型城市行列。

第三个趋势，城市群成为中国城市化的主导，长三角、珠三角、京津冀三大城市群贡献率超过 70%。到 2030 年，沿海三大城市群集聚财富的能力将占全国总量的 74%。

第四个趋势，流动人口成为中国城市化加速发展的主要驱动力。到 2025 年，中国将新增城市人口 3.5 亿，其中流动人口将超过 2.4 亿。从流动人口趋势看，内地流向沿海、农村流向城市、中小城市流向大城市是人口集聚的基本特征。

第五个趋势，现代服务业主导城市经济，中国城市实现从"工业经济"向"服务经济"的战略转型。从国际经验看，未来中国城市将按照三个 70% 的趋势向前推进：一是服务业增加值占 GDP 的 70%；二是服务业从业人员占就业人口的 70%；三是服务业比重占三产比重的 70%。

第六个趋势，城乡经济社会发展一体化新格局基本形成。特别是户籍制度、土地制度、社会保障制度、金融制度、公共服务制度改革成为加速城乡一体化的重要引擎。制度的改革与开放，将使农民享有进城自主权、进城农民与城市人同等的待遇权以及逐步完善的城乡均等的公共服务。

第七个趋势，中产阶级成为城市主流，公民参与意识增强，城市民主化进程加快。

第八个趋势，临空经济成为未来城市发展的重要增长极。2020 年中国民航机场将达到 244 个（2006 年底为 147 个，其中东部 41 个，中部 25 个，西部 69 个，东北 12 个），比 2006 年新增 97 个，将形成北方、华东、中南、西南、西北 5 个区域机场群。2020 年后全国 80% 以上县级行政单元都能够在地面交通 100 公里或 1.5 小时公里内享受航空服务，所服务区域人口占全国总人口的 82%，GDP 占全国总量的 96%，临空产业及空港新城建设成为新的城市增长极。

第九个趋势，环保和生态成为宜居城市的首选。一个宜居的城市必须具有五大特点，即繁荣、开放、多元、包容和可选择。但城市宜居还必须解决三大难点，就是交通拥堵、环境污染和高房价。生态城市成为 21 世纪城市发展的最佳模式。

第十个趋势，城市可以预见和难以预见的风险与多种安全威胁增多，城市完成多样化应急任务和城市治理任务繁重而艰巨。未来 30 年不仅是城市的加速发展期和成长关键期，同时也是城市病的多发期和爆发期。特别是当前五种不稳定因素正在演变成为城市的潜在风险：一是贫富差距进一步扩大；二是社会深层次矛盾日益凸现并有激化趋势；三是社会治安形势严峻；四是官民冲突加剧；五是非传统危机和人为制造的危机正成为城市安全的主要危险。这是我想特别强调的，也是政府和社会必须高度重视的。

（2008年10月19日在中国城市论坛第五届北京峰会上的主旨演讲）

后危机时代的十个新趋势和城市未来的五个新变化

　　城市化正在改变我们的生活，并深刻地影响着中国发展的进程，也影响着世界发展的进程。到 2008 年底，中国的城市化率已达到 45.6%，城市人口已达到 6.07 亿。到"十二五"期末，中国的城市化率有可能达到或超过 55%。城市人口的增长将带来交通、环境、能源、就业等方方面面的变化，这些变化将改变城市的经济结构、消费结构、文化结构和社会结构。这些结构的变化又将引发新的能源革命、新的产业革命和新的生活方式革命，这三大革命必将成为未来城市发展新的增长点。基于这个判断，"十二五"期间将是城市发展的关键时期。这个关键就是，中国将进入城市化加速期、城市成长关键期和城市价值提升期，同时也是城市病的多发期和爆发期。

当前，国际金融危机深刻地影响着经济、社会和我们的生活，也深刻地影响着中国城市的发展。虽然国际金融危机还具有诸多不确定性，但这场危机必将会过去。我个人预测，中国经济必将率先复苏，并有望成为拉动世界经济复苏的重要引擎。后危机时代将呈现十个方面新的趋势：

一是世界经济"回归实业"。现代服务业主导未来经济，制造业成为未来竞争的源泉。

二是世界金融体系正在重建，世界经济政治新格局正在重新洗牌，中国有理由成为国际金融新秩序中的主角之一。以北京、上海为代表的中国城市将成为具有国际影响力的金融中心城市。"十二五"期间，中国金融中心的布局与定位必须统筹安排、准确定位、合理规划、科学布局，做到政府、企业、市场、社会"四位一体"，协同开发。

三是城市经济进入高成本时代。起码有十种成本，比如劳动力成本、土地（房价）成本、能源资源成本、环保成本、融资成本、人民币升值或贬值双重成本、税赋成本、安全成本、知识产权保护成本以及交易成本，成为制约城市经济特别是中小企业发展的障碍。到 2025 年，中国的城市化率将接近66％，城市人口将达到9.15亿，2030 年将突破 10 亿。城市化的加速发展，将迎来人口规模增长高峰、适龄劳动力就业高峰、人口老龄化高峰、流动人口增长高峰以及艾滋病蔓延和爆发的高峰，这将增加城市公共服务的"高成本"。

四是通货膨胀与紧缩并存。在国际金融危机尚未见底的形势下，CPI、PPI双双下降，通缩格局不可避免；同时，货币投放量激增，房价逆势上涨，物价上涨预期日趋升温，通胀趋势正在逼近。这种通胀与通缩的两难选择正成为经济回暖的政策障碍。"十二五"期间，城市经济在保持一个相对合理的增长速度的同时，更为重要的是推进经济增长方式由粗放型向集约型转变，这是化解通胀与通缩并存压力，使城市经济实现健康、可持续发展的必然选择。

五是政府主导作用更加明显。全世界都以政府主导来应对这场金融危机，这既是对政府执政能力的最大考验，也是后危机时代政府干预市场的新动向。"十二五"时期，城市政府需要有较好的调控能力，在培育市场体制的过程中发挥主导作用：一要为经济回暖创造良好的硬件环境，整顿市场秩序，降低成本，提高效率；二要为市场提供稳定、规范、公正、透明的制度环境。国际金融危机的最大挑战是企业成本增加、利润减少，企业盈利环境被破坏。因此，要更加重视、鼓励和扶持中小企业发展，最根本的一点就是为中小企业营造宽松、和谐、可持续的盈利环境，绝不可以为了短期利益"杀鸡取卵"。

六是世界经济进入"低碳时代"。低碳经济成为新的经济增长点，低碳城市提上政府议事日程，生态文明建设带来继工业化、信息化之后又一划时代革命。特别指出的是，中国作为一个人口和经济总量很大的发展中国家，既需要一定的碳排放空间提高经济发展水平和居民生活质量，又要考虑到整个地球碳排放总量的限制，走低碳发展之路。尤其像北京、上海这样的特大城市，人口、交通、环境、能源等仍是制约其可持续发展的瓶颈，经济发展方式转型和生态文明建设任重道远，应率先建设低碳城市。

七是新兴市场国家在危机后占有更大发展先机和空间。特别是"金融四国"为首的新兴市场经济在世界经济格局的影响和实力将加速上升，并具备庞大的可供拉动的投资潜力。

八是世界主要发达国家消费率降低储蓄率提高，对于发展中国家来说依靠出口拉动增长已不现实。出口受制仍将持续、产能过剩影响经济回升，收入差距呈扩大趋势，成为制约经济回暖的三大瓶颈。

九是贸易保护主义加剧。随着全球经济衰退的持续，贸易摩擦日趋升温，美国对中国轮胎征收惩罚性关税案的结果可能引发其他国家或行业仿效，从而影响世界自由贸易的前景和世界经济复苏的进程。

十是国进民退导致中小企业发展陷入困难。一方面，民营企业在市场寒冬中难以抵御风险，进而濒临破产或转型；另一方面，国有企业不断通过政策优势和资金垄断加速国有化进程，从而使市场化民营化竞争愈加激烈。

还必须指出，"十二五"期间是全球经济复苏的关键时期，也是中国加快城市化进程的关键时期。这两个关键的重叠，标志着中国城市发展将进入一个新阶段，城市价值将呈现五大新趋势：（1）城市发展开始从外延式扩张向内涵式发展转变；（2）城市软实力逐步成为城市发展的核心竞争力；（3）城乡统筹和城乡一体化成为城市发展的新格局；（4）综合配套改革实验区的示范意义进一步凸显；（5）城市群对城市建设与发展的作用进一步增强。

（2009 年 10 月 17 日在中国城市论坛第六届北京峰会上的主题演讲）

城乡统筹和社会事业优先是城市发展的战略重点

科学的发展观是未来城市发展的指导思想

对科学发展观的认识，关系到中国处于战略机遇期，或者是重要关口的基本判断。科学发展观是指导未来城市发展的最基本的原则。中国城市现在正处于一个临界点，背景是改革开放以来在取得举世瞩目的巨大成就的背后，还隐藏着一些潜在的矛盾和问题。这些矛盾和问题的根源，概括起来就是经济与社会发展的不平衡性。我们把这种不平衡性概括成经济与社会发展的失衡。这种失衡主要表现在三个方面：就是"一长一短，一快一慢，一高一低"。什么意思呢？也就是说，在改革开放的发展历程中，经济发展这条腿比较长，而社会发展这条腿相对比较短；企业发展比较快，企业改革也比较快，但是政府的改革相对要滞后，比较慢；硬件的投资比较高，而软件的投资比较低。那么这"一长一短，一快一慢，一高一低"就形成在经济与社会发展过程中的不平衡性。这种不平衡性反映在临界点就有可能表现为经济繁荣背后的风险，如果把这些风险矛盾处理好，那么中国的城市就有可能进入一个快速的发展期。根据世界城市的发展规律，当城市的人均 GDP 超过 3000 美元的时候，这个地区或者是城市的发展将会进入一个高速的成长期。尤其是特大城市，人均 GDP 已经突破了 3000 美元，这就意味着，中国城市发展已经进入一个高速的成长期。在这个成长期，这些矛盾有可能转化成问题。如果解决不好，问题就有可能转化成风险，而这种风险如果得不到控制，就有可能转化为危机。如果我们把这些矛盾、问题处理好，中国可能就会进入一个良性的、健康的、高速的成长期。在这样一个背景下，坚持什么样的发展观，就成为中国发展的关键问题。所以说，科学的发展观，是今后城市发展的指导思想。

优化空间布局，优化产业结构，优化发展环境，是城市中长期规划的核心内容

这"三个优化"，是我们对城市发展实践的再认识。

一是优化空间布局。主要是城市形态的变化，从过去的单重性转入多重性，从点状式的发展转变为组团式的发展。形象地说，过去我们城市的发展只是"摊大饼"，今后我们城市的发展可能要"蒸馒头"。从摊大饼到蒸馒头的转变，实际是一个城市形态变化的基本趋势。

二是优化产业结构。城市的发展从产业结构来说，会逐步地从一产、二产向三产转变，这叫作产业的升级。在产业升级过程中，服务业，尤其是现代服务业，将会成为城市发展的重要标志。因为在优化产业结构过程中将形成产业集聚，也就是在产业分工基础上形成的专业化、网络化、一体化的产业链条。在城市的产业集聚中，产业的链条越长，产业的投资和再投资的空间就越大，产业的集聚度就会越高。产业集聚主要依赖以下两个因素成长：一是良好的制度环境，二是健全的公共设施。所以，优化空间布局，带来的是发展环境的优化和社会事业的发展；而优化产业结构带来的是产业的优化和经济的发展。

三是优化发展环境。对一个城市来讲，我们倡导城市发展的基本理念叫"政府创造环境、企业创造财富、市民创造文化"。但是，往往在某些地方和某些城市，"政府创造环境"就变成了"优化发展环境"。实际上，优化发展环境的本质是政府创造环境，是优化政府的环境。

城乡统筹发展和社会事业优先发展，是城市发展的战略重点

城市发展的基本战略是什么？对一个城市来说，基本的定位和战略是什么？尤其对中国城市，是走以小城镇带动大城市发展战略，还是走大城市带动小城镇的发展战略？我们认为中国城市发展的战略概括起来应当是八字方针："抓大带小，以城带乡"。就是要重点抓好大城市的建设，以大城市带动中等城市和小城市，然后带动小城镇和农村城市化的发展，以城市的发展带动农村的发展。2002 年年底中国的城市化率是 37.7%，城市人口是 4.6 亿，农村人口是 8 亿。现在中国城市化的平均增长率每年是 1%，每年大概有 8000 万—9000 万的农民和非农人口要转变为城市人口。按照这个增长率来计

算，到 2020 年，我们国家的城市化率大概是 58％到 60％。也就是说到 2020 年，城市人口将达到 8 个亿到 9 个亿。除了小城镇可以消化 2 到 3 个亿之外，大概还有 6 个亿的人口要在城市消化。这 6 个亿的城市人口需要有 200 个能容纳 300 万人口以上的大城市，或者是 300 个能容纳 200 万人口以上的大城市。这样的一个城市规模和人口规模，对于目前我们的城市规模来说是远远不能适应的。再加上现代的城市管理和基础设施建设，都远远不能适应人口的快速增长。这就为我们提出一个问题，用小城镇的办法是解决不了农村城市化和城市发展问题的。所以我们的观点是要"抓大带小，以城带乡"。

城市发展的价值取向是什么？也就是说，判断一个城市，究竟什么样的城市是一个比较好的城市，什么样的城市是一个比较差的城市？我们过去判断城市价值取向，主要是看经济。那么未来的 5 年，在科学发展观的指导下，怎么来判断这个问题？对于企业来说，利润的最大化就是股东利益的最大化，而对于一个城市来说，城市的价值取向就是这个城市价值的最大化。这个价值体现在三个方面：第一个标准，城市价值是不是最大化？就是要看这个城市能不能创造更为强大的经济实力。怎么来判断经济实力？一是看经济水平。过去我们看经济总量，现在不单看经济总量，而主要看人均，包括人均 GDP，它反映的是这个城市的经济水平；二是看人均的财政收入，它反映这个城市的政府水平；三是看人均居民的收入，或者说人均纯收入，这反映了城市的消费水平。把政府实力、消费实力、经济实力加起来，这三个实力才是真正的城市水平。第二个标准，要看这个城市能不能为老百姓提供更高的生活质量和生活品质。第三个标准，要看这个城市能不能为老百姓带来更多的就业机会和发展机遇？这三个更强、更高和更多是判断一个城市的价值取向的基本标准。

城市发展过程中如何治理城市病的问题。大城市在发展过程中，普遍存在很多的城市病。比如交通堵塞，这个问题在北京比较突出。只要是城市发展，就会有这些问题。城市病有两个最基本的特点：一是有很长的一个潜伏期，这个潜伏期可能是 10 年，也可能是 20 年，甚至更长。所以，有很多问题我们没有看见，不等于就没有问题。还拿交通堵塞为例，现在看到的交通堵塞并不是现在形成的，而是 25 年城市快速发展潜在矛盾的一个凸现。所以对城市病的潜伏期我们要有充分的认识。二是城市病一旦爆发，就会转移，像癌症一样。我们现在看交通堵塞，认为是交通问题，实际上它早已不是交通问题，它已经转移了。为什么我们的交通越治理越堵塞呢？就是因为它已经不单纯是交通问题了，我们还在那儿治理交通，所以你只能是越治理越堵塞。这两个特点提示我们：在城市发展中要根治城市病，超前规划是关键。

城市化进程中的农民问题。这个问题，随着城市化的快速进行，已经变得越来越紧迫，越来越重要。主要表现在：在城市化进程中，尤其是郊区的城市化过程中出现的征地、拆迁的利益补偿问题，涉及农民就业和社会保障问题。在农村向城市化转型过程中，集体资产的出资问题，农民承包土地的土地期权和产权改革问题，以及农民搬迁以后，农民生活方式和就业方式的转型问题。这些问题是当前城乡统筹和社会事业优先发展战略中应该注意解决的。

以政府改革推动城市转型

我们强调城市转型，核心是政府转型。问题是政府怎么样转型？我们认为，政府转型应当围绕三大转变、一个目标来进行。这三个转变是：一要从优先经济发展向优先社会发展转变；二要从投资财政体系向公共财政体系转变；三要从控制型的行政体制向治理型的行政体制转变。这三个转变最后要实现一个目标：建立公共服务型政府。这个公共服务型政府，就是要从过去的无所不包、无所不干、无所不能的大政府，转变成一个有限权力、有限责任的小政府；从过去封闭的、官僚的行政体制的政府，转变为一个公开的、透明的政府；从过去不惜代价、不计成本的政府，转变为一个高效的、廉价的政府；从过去在某种意义上不讲信用的政府，转变为一个诚信的政府；还要从一个人治的政府，转变为一个法治的政府。

（2004 年 9 月 15 日在中国城市论坛第一届北京峰会上的主题演讲）

中国城市正进入品牌价值时代

　　由中国时代经济出版社正式出版的《中国城市品牌价值报告》，发布了 2007 年中国城市品牌价值排行榜。这是北京国际城市发展研究院近年来在城市发展领域取得的又一项研究成果。2002 年，我们首次在国内创造性地提出"城市价值链理论"，据此开展了中国城市竞争力解决方案的研究；2003 年，我们又针对性地提出了对城市定性、定位、定量、定策的"四定综合分析法"。基于这样的理论和方法，2004 年在首届中国城市论坛北京峰会上，我们首次发布了《中国城市"十一五"核心问题研究报告》，提出了未来 15 年中国城市化发展（即坚持大城市优先发展、坚持社会事业优先发展和坚持政府优先改革）的战略重点；2005 年在第二届中国城市论坛北京峰会上，我们首次推出了"中国城市管理进步奖"，倡导"管理改变城市"的理念，三年来先后有北京、重庆、青岛、深圳等 21 个城市获此殊荣，并逐渐成为中国城市管理领域最具影响力的非政府奖项；2006 年在第三届中国城市论坛北京峰会上，我们又发布了首部《中国城市生活质量报告》，提出了"生活质量是检验城市价值的唯一标准"。今天，我们又推出《中国城市品牌价值报告》，并提出"中国城市正进入品牌价值时代"这样一个判断。

做这样一个回顾，主要是想说明，无论是对城市竞争力的研究，对城市生活质量的研究，还是对城市品牌价值的研究，我们总是站在人的高度，围绕"以人为本"这条主线，倡导"城市，让生活更美好"的理念，探求中国城市发展的基本规律，揭示未来中国城市发展的价值导向。我们认为，城市品牌是城市价值最大化的集中体现。城市生活质量是城市价值的核心。城市竞争力是实现城市价值的重要动力。一个城市价值的最大化，不仅要看它是否具有强大的经济实力，而且要看这个城市是否能够更快地提升老百姓的生活质量，以及为它的居住者提供更多的就业机会和发展机遇。《中国城市品牌价值报告》提出的宜居、宜业、宜学、宜商、宜游五位一体的价值指标是城市品牌的本质特征，也是城市发展的价值导向。今天所发布的中国城市品牌价值排行榜、即将揭晓的"感动世界的中国品牌城市"以及颁发的"中国城市管理进步奖"正是基于上述目的。

改革开放 28 年来，中国城市经历了三个重要的发展阶段，呈现出五个方面大的变化。这三个阶段就是城市建设阶段、城市管理阶段和正在进入的城市品牌阶段。这三个阶段的演变过程正处于中国农村城市化的转型期、城市现代化的加速期和区域国际化的提升期。必须看到，中国的城市化率从 1991 年的 26.94% 到 2006 年底的 43.9%，15 年时间城市化率平均年增长 1.13%，如果按此速度计算，到 2020 年，中国的城市化率将达到 60% 左右。换句话说，到 2020 年，如果按照中国人口总量 14.5 亿计算，那么 60% 的城市化率就意味着城市人口将达到或突破 8.7 亿，也就是说，在今后不到 15 年时间里，将会有 3 亿多农村人口向城市集聚。也意味着将有 3 亿农民需要解决就业或者需要城市提供就业岗位。这就是农村城市化转型期的基本特征。另外，以长三角、珠三角、环渤海三大城市群的崛起，以及成渝经济带、环北部湾经济带的形成为标志，意味着城市合作机制和区域一体化进程的快速推进。在这样的演变过程中，城市的结构、功能及其形态将出现新的变化：

一是从经济快速发展转向经济社会协调发展；二是从生存型社会转向发展型社会；三是从政府管制转向公共服务；四是从城市竞争转向城乡统筹；五是从城市规模扩张转向城市品牌价值提升。这五大转向预示着中国城市正进入一个品牌价值时代。

但也必须指出，中国城市发展中还存在一些不容回避、更不容忽视的问题。比如经济快速增长与人口资源环境的矛盾、城市居民和社会公众物质文化需求日益提高与政府服务能力、服务水平、服务质量相对不足的矛盾，城市现代化、社会化、国际化进程不断加快与城市管理体制和运行机制滞后的矛盾等都还比较突出。特别是对大城市或特大城市来说，郊区快速城市化、人口老龄超前化、流动人口集聚过度化、就业方式多样化和群众需求多元化所带来的城市承载力和政府公共服务能力的形势还相当严峻。贫富差距、收入差距、城乡差距进一步扩大的趋势和城市贫困人口进一步扩大的趋势不容忽视。

从《中国城市品牌价值报告》提出的"宜居、宜业、宜学、宜商、宜游"指标体系综合分析看，"五宜指数"已成为未来城市发展的总目标，中国城市从总体上讲正进入一个品牌价值时代，并呈现五方面新的态势：一是宜居成为城市发展最核心的价值；二是北京、上海、深圳等一线城市品牌价值提升速度加快；三是沿海和内地城市品牌价值的差距正在缩小；四是经济发展水平对城市品牌价值的支撑进一步加强；五是重大体育、文化等节事活动对城市品牌价值提升影响较大。特别值得一提的是，从这次中国城市品牌价值排行看，北京在全国287个地级以上城市排行中名列第一，并成为全国最"宜业"和"宜游"的城市。这充分说明北京正以更加文明、更加和谐、更加繁荣、更加宜居的姿态走向世界。随着2008年北京奥运会的到来，城市发展与奥运盛会将比翼齐飞。品牌价值助力北京奥运，北京奥运放大品牌价值，北京不仅为中国、为全世界留下一份独特的文化遗产，而且北京在后奥运时代将迎来新一轮经济增长周期。

需要强调的是，宜居已成为城市发展的重要价值导向，也是大中城市普遍追求的首要目标。但也必须承认，宜居也是中国大中城市尤其是特大城市的一个普遍"软肋"。从报告分析看，人口无序膨胀、交通拥堵、环境污染、置业成本高、公共服务能力不足成为制约城市宜居最突出的问题，高房价是影响大城市宜居的一大通病。科学发展观的第一要务是发展，而城市发展的第一要务是宜居。宜居是城市发展的底线。

再过300多天，我们将迎来举世瞩目的2008年北京奥运会。2008 年奥运会不仅属于北京，而且属于中国，也属于世界。从世界选择中国开始，世界就选择了中国城市。如何让世界宾客体验中华文明、共享北京奥运，如何通过奥运这个世界舞台让中国城市走向世界，让世界了解中国城市，对每一个中国城市而言，既是难得的机遇，也是历史的责任。去年，在北京奥组委的支持下，我们启动了中国城市论坛奥运大讲堂公益活动。今年，我们又举办了"感动世界的中国品牌城市"评选活动，即将揭晓的 29 个感动世界的中国品牌城市正是奥运大讲堂公益活动的一个延续。虽然这 29 个城市仅仅是中国品牌城市的一个缩影，但通过这个活动旨在为中国城市共享北京奥运提供一个机会，搭建一个平台。在"同一个世界，同一个梦想"的感召下，通过我们的努力更多地为世界游客找"看点"，为中国城市找"亮点"，让北京奥运成为全国的奥运，让人文奥运成为人民的奥运。

（2007 年 9 月 11 日在中国城市论坛第五届北京峰会上的主旨演讲）

五大趋势预示中国城市新价值

城市化将成为转变经济发展方式
最基本的推动力量

"十二五"期间，中国的城市化率将突破 50%，这意味着中国的城市人口首次超过农村人口。中国城市人口正以每年1800 万左右的速度快速增长，预计到 2030 年，中国的城市人口将增加到 9.1 亿，流动人口超过 3 个亿。流动人口正成为中国城市化加速发展的主要动力。在这样的态势下，大城市化和大都市圈的拉动作用逐步强化，以上海、北京、香港建设世界城市为龙头，加速长三角、珠三角、环渤海都市圈的崛起和繁荣的趋势不会改变，沿海地区依然处于中国城市化的领先地位。大城市化成为经济结构战略性调整和扩大内需战略的重要支撑。

生活质量是城市内涵式发展和包容性增长的核心

我们特别注意到，这次党的十七届五中全会更加强调科学发展这个主题，把"更加注重保障和改善民生，促进社会公平正义"，作为加快转变经济发展方式的根本出发点和落脚点。这将意味着更加重视人的尊严、社会公正、和谐均衡的发展理念。不断提高人的生活品质，实现人的自由和全面发展，成为现代城市内涵式发展的重要标志。坚持社会公平正义，促进人人平等获得发展机会，建立以权利公平、机会公平、规则公平、分配公平为主要内容的社会公平保障体系，不断消除人民参与经济发展、分享经济发展成果方面的障碍，让经济全球化和经济发展成果惠及所有人，将成为现代城市包容性增长的价值导向。

文化软实力成为提升城市综合竞争力的重要标志

一个城市的综合竞争力不外乎来源于两个方面：一是现

实优势，二是未来潜能。文化则是未来潜能的源泉。公共文
化是城市市民的现实需求，也是公众的基本权益。文化产业
是城市经济的重要支撑，也是战略性新兴产业的核心。文化
精神是城市发展的灵魂。以文化促文明，以文明促和谐，是
推动文化大发展大繁荣的题中应有之义。如何让一个城市，
特别是让城市领导者能够像抓经济、抓稳定那样，投入足够
的精力、物力和财力抓文化，并且像抓经济、抓稳定一样抓
出效益来，抓出政绩来，这是一个迫切需要研究和破解的课题。

"大城市病"给中国城市发展带来风险和挑战

"大城市病"是大城市化的必然产物。中国城市正处于城
市加速发展期、城市价值提升期、城乡二元结构转型期的关键
点，这个关键点预示着中国城市正在进入"大城市病"的多发
期和爆发期。"十二五"期间，更多复杂和不确定性因素给中
国城市发展带来可以预见和难以预见的风险和挑战。人口无序
集聚，外来人口"倒挂"现象和城市老龄化特征明显；交通拥
堵严重，公共交通严重滞后于城市实有人口规模；能源资源紧
张，大大超出了城市基础设施和发展要素的承载能力；生态环

境恶化，土地掠夺性开发、空气污染、水资源短缺及水质下降现象日益加剧；房价居高不下，城市生活功能被弱化，并且正在拉低居民的生活幸福感；安全形势严峻，拆迁引发的官民冲突，无直接利益关系的群体事件或恶性事件，非传统危机、人为制造的危机及天灾人祸形成的新的"灾害链"，正成为城市安全稳定的主要威胁。这六大"城市病"将成为困扰城市可持续发展的难题。有效化解各种矛盾，有效预防潜在风险，成为未来城市的当务之急。构建人口均衡型、资源节约型和环境友好型社会，加快从"两型"社会向"三型"社会的战略转型，是"十二五"时期城市发展紧迫而现实的任务。

构建以社会公平正义为核心的现代社会治理模式是城市社会服务管理创新的关键

工业化、信息化、城镇化、市场化、国际化的发展趋势和多层次、多样性、多元化的社会需求，对传统的城市管理和社会服务提出新的、更高层次的要求。新的社会矛盾和新的社会现象为社会建设提出了新的更大的挑战。这些需求、矛盾和挑战，迫切需要通过社会建设推动政府转型。从发展趋势看，这种转型有三个基本导向：一是从"善政"到"善治"的转变，就是从一个好的政府转变为一个好的治理模式；二是从"发展型政府"到"服务型政府"的转变，就是政府把主要精力和主要工作放在保障改善民生和维护社会公平正义上；三是从"大政府"到"大社会"的转变，就是依法限制政府的权力，不断扩大公众的参与。这三个转变的过程，实质上就是一个社会体制改革的过程，或者说，是一个政治体制改革与社会体制改革互动的过程。五中全会强调，"必须以更大的决心和勇气全面推进各领域改革"。温家宝总理讲："我们要通过深化经济体制和政治体制等全面改革，使整个体制更加适应现代经济发展和社会主义民主政治建设的要求，更加有力地推进社会公平正义，更加有利于人的自由和全面发展。"我们注意到，这段话的核心，就是要深化包括政治体制改革在内的全面改革。而社会发展的重点，就是构建以社会公正为核心的现代社会治理模式，以适应现代经济发展和民主政治要求。这才是真正意义上的社会服务管理创新关键。

（2010 年 10 月 29 日在国际城市论坛第七届年会上的主旨演讲）

生活质量是检验城市价值的唯一标准

一位美国经济学家预言，中国的城市化和美国的新技术革命是 21 世纪影响人类最重要的两件大事。中国的城市化不仅决定着中国的未来，而且也决定着世界发展的进程。为什么说中国的城市化不仅能够决定中国的未来，而且能够影响世界发展的进程呢？我们的研究表明，至少有三个标志，或者说是新时期的三大突破说明了这一点。

第一，人口突破了 13 亿。2005 年 1 月 6 日，中国人口突破了 13 亿，这意味着什么呢？众所周知，一个国家的人口规模、人口结构、人口素质直接决定着这个国家的经济结构、消费结构和社会结构。人口多、规模大、成分复杂、结构不合理、整体素质低、就业难、稳定压力大形成了新的历史条件下人口的基本特征。在未来 20 年到 30 年内，中国将迎来 5 次人口增长的高峰。包括人口总量增长的高峰、适龄劳动力增长的高峰、人口老龄化增长的高峰、流动人口增长的高峰以及在公共卫生领域艾滋病蔓延和爆发的高峰。如果说计划生育问题是基本国策的话，那么人口问题就是中国的战略，是中国发展的首要问题，是一切问题的总根源。所以，人口规模、人口结构、人口素质是制约中国发展的三大难题，也是三大变量。在这三大变量里面，核心是就业。

第二，人均 GDP 突破了 3000 美元。在人均 GDP 突破 3000 美元以后，意味着中国从低收入国家的行列开始进入中等收入国家行列。这样一个变化又意味着将给中国未来带来三大变化，导致两种前途。这三大变化就是随着人均 GDP 的变化，经济结构会发生重大变化，消费结构会发生重大变化，社会结构会发生重大变化。而这样三个重大的变化，又会导致两种前途。一种是如果我们能够处理好经济社会发展的关系，那么中国在未来的 15—20 年就会很快进入一个黄金发展期；如果不能够正确地处理经济社会发展的关系，那么中国可能就会进入矛盾凸现期。学者把这种现象叫作"拉美现象"。"拉美现象"概括起来主要有这样一些特征：一是特权政治和利益集团控制着国家的资源和经济，并且依附在特权之上；二是中产阶级发展不起来，其所占总人口的比例在15%—20%之间徘徊；三是多数人不能进入现代化。所以拉美现象也好，矛盾凸显期也好，意味着是一种多数人不能进入现代化的现代化，是一种有增长而无发展的现代化。

第三，城市化率突破了40%。当城市化率介于30%—75%之间的时候，意味着城市化进入发展的快车道。当城市化率达到40%—60%的时候，就意味着城市化进入了城市的成长关键期。城市成长关键期既是城市化加速发展的时期，也是城市病的多发期和爆发期，尤其是人口无序膨胀、交通拥堵、资源能源紧张、生态环境恶化、城市边缘人的大量聚集，甚至出现贫民窟现象。那么是不是城市化率越高，城市化水平就越高呢？也就是说是不是城市化率越高越好呢？大家知道，20世纪90年代末中国的城市化率是18.9%，到2005年底，中国的城市化率增加到42.99%，平均年增长率为1.55%。未来15年，中国城市化率的平均增长率是会低于1.55还是会高于1.55？如果保守一点，按照平均每年不低于1.55%的增长率来增长的话，中国多少年可以实现75%？我们的计算结果大概是30年。

英国是最早进入城市化的国家，从30%到75%用了200

年时间，美国用了 100 年时间，日本用了 70 年时间，而中国
按照目前的增长速度，将用 30 年的时间实现 75%。可想而知，
如果把中国的城市化比作一辆车的话，那么这辆车是在高速
公路上开始驶入快车道。美国、英国用一二百年实现的事情
我们要用 30 年的时间实现，也就是说人家 200 分钟跑完的路，
我们要用 30 分钟跑完。按照中国经济增长水平以及城市化的
承载力，中国的城市化最佳的增长速度，每年应该是 0.8%，
而我们前 15 年的速度是 1.55%。也就是说，这辆车本来应该
跑 80 迈，现在跑了 155 迈，200 分钟完成的路程要用 30 分钟
完成，这两个数字会导致这辆车出现什么状况？这是我们应
该深思和研究的问题。

　　上述三个突破，意味着中国的城市正处在战略转型期。
如何实现又好又快的发展，或者说如何在构建和谐社会的大
背景下建设和谐城市？这是一个非常值得关注的问题。因为
它解决的是城市向什么方向和如何发展的问题。

　　我们认为，构建和谐城市必须从生活质量入手，生活质
量是城市价值的核心，生活质量是构建和谐城市的出发点和
落脚点。生活质量是检验城市价值的唯一标准，一个城市价
值是否最大化，不仅要看这个城市是不是具有强大的经济实
力，更要看这个城市能不能有效地提高老百姓的生活质量以

及更多地为它的居住者提供就业机会和发展机遇。生活质量解决了构建和谐城市中"为了谁""依靠谁"和"发展的成果惠及谁"的问题。生活质量是老百姓的生活状态和生活预期，我们把它归纳为"衣食住行"、"生老病死"、"安居乐业"12个方面。具体一点说，"衣"要看老百姓的收入状况，而不是看GDP的增长；"食"要看老百姓的消费结构，不是看财政的收入；"住"要看老百姓的房子面积有多大，能不能买得起房；"行"当然是交通的便利度；"生"要看这个城市适龄劳动力平均受教育年限以及人的素质；"老"要看社会保障的覆盖率；"病"要看公共卫生体系以及医疗卫生条件；"死"要看人的平均预期寿命。"安"要看安全，尤其是要看公共安全的状况；"居"要看人居环境；"乐"要看文化、娱乐、休闲状况；"业"要看这个城市能不能为它的居住者提供更多的就业机会和发展机遇。那么，如何从生活质量入手构建和谐城市，我提出三个建议供大家研究和参考。

第一，经济发展模式决定生活质量。如果这个城市经济发展的模式是资源节约型的、环境友好型的、内需拉动型的、循环经济型的，那么，这个城市经济的增长速度和生活质量的增长速度一定是成正比的。相反，如果这个城市是污染型的、资源掠夺型的、土地过度开发型的，那么，这样的经济增长模式与老百姓的生活质量就不能成正比，甚至是成反比的。

第二，政府公共服务提升生活质量。政府公共服务的内容与老百姓生活质量的内容是相一致的。也就是说政府提供公共服务越多，那么老百姓生活的质量就会越高。因此，转变执政方式，转变政府职能，从生活质量入手，加强政府公共服务是构建和谐社会的关键。

第三，城市文明程度影响生活质量。生活质量不仅是硬件，也是软件；不仅是物质，也需要精神；不仅需要政府提供好的公关服务，更需要市民自身素质的提高。所以，一个城市的素质，一个城市的生活质量，最终是由这个城市的人的文明程度所决定的。以文化促文明，以文明促和谐，这才是城市生活质量的最高目标。科学发展观的核心是以人为本，构建和谐社会需要人文关怀，生活质量是以人为本和人文关怀最重要的体现。站在人的高度，一切从生活质量出发，规划城市，建设城市，管理城市，让发展的成果惠及全体人民。这是未来城市发展最重要的价值导向。让我们更多地关注城市的发展，更多地关注城市化的进程吧！因为关注城市就是关注我们的未来。

（2006 年 9 月 20 日在中国城市论坛第三届北京峰会上的主旨演讲）

城市品牌：软实力、影响力、传播力

今天和大家讨论的主题是，城市品牌：软实力、影响力、传播力。软实力是要回答什么样的城市是最好的城市，影响力是要回答什么样的城市符号才能留下最美印象，传播力是要回答什么样的传播才能使城市更具魅力。通过这个论证，使我们对城市品牌有一个重新认识。

关于城市品牌趋势

一位美国的经济学家预言，21 世纪影响世界发展有两件事，一件是美国的新技术革命，另一件就是中国的城市化。

中国的城市化为什么能够影响世界？最根本的一点，中国的城市化将成为未来10—20年中国经济增长的动力，也将成为世界经济增长的引擎。城市化将成为扩大内需，特别是拉动投资合理增长的最强大力量。内需市场又必将成为中国参与国际竞争和改变世界格局的重要战略工具。这就是中国城市化的威力。

另一件事就是美国的科技革命。发端于20世纪80年代的新技术革命是以互联网为核心的科技革命。这场革命把21世纪的世界推向一个崭新的网络时代。这个时代正在改变人类的获取信息方式、交友或交往方式、生产方式、生活方式、资源配置方式、价值观念和思维模式。

值得我们关注的是，当下的中国，正是城市化与网络化互动的时代。在这种互动中，城市品牌的地位和作用就显得尤为重要。

从城市体系看城市竞争优势，可以得出以下结论：城市已进入一个品牌时代。品牌是全球化资源要素的配置机制，品牌是城市竞争的战略性资源，品牌是城市价值最大化的集中体现，未来城市的竞争是城市品牌的竞争。

关于城市品牌模型

要　素	指标内涵
软实力	**五宜** 宜居、宜业、宜学、宜商、宜游
影响力	**五度** 知名度、美誉度、忠诚度、偏好度、联想度
传播力	**五量** 体量、能量、质量、流量、增量

为什么要讨论这个模型？或者说它的意义在哪里？最重要的一点，城市品牌已成为城市发展战略，它具有以下特点：

一是方向性。它引领潮流，决定事物发展的性质，成为主要矛盾的主要方面。

二是全局性。品牌对城市发展的影响已不是一个概念、一种技术，甚至不是一般意义上的文化现象，它的影响是系统的，涉及经济、政治、文化、社会、生态的方方面面，是过程与结果的统一体。

三是先进性，是先进生产力。

四是持续性，具有累积效应和倍增效应。

这些特点说明，品牌正在成为城市竞争的新方向、新优势、新模式。用一句时髦的话说，就是品牌成为城市的"高富帅"。

什么是高？高就是高品质的生活，就是软实力。软实力的本质是功能，功能的核心是品质。"五宜"就是品质，就是功能的体现。城市让生活更美好，好就好在它的功能上。城市并不像诗人描绘的那样："我有一个家，面向大海，春暖花开……"。人们追求的美好生活，一定是"面向地中海，北靠曼哈顿，左手玉龙雪山，右手天上人间"，这就是功能，这就是品质。

判断一个城市好还是不好，不是看这个城市的规模有多大，人口有多少，不是看这个城市有多少高楼大厦，也不是看这个城市生产出多少 GDP，而是看这个城市的功能，看这个城市老百姓的生活质量。

简单地讲，就是看这个城市是不是宜居、宜业、宜学、宜商和宜游。也就是说，这个城市是不是适宜更多的人居住，是不是能为更多的人提供更多的就业机会和发展机遇，是不是适合更多的人就学成长，是不是能为更多的人提供更好的投资创业环境，是不是适宜更多的人游憩和休闲。

什么是富？富就是高大的英雄形象，就是影响力。影响力的本质是形象，形象的核心是地位。"五度"就是地位，就是形象的体现。

一个城市能不能给人留下美好印象和深刻记忆，取决于这个城市的知名度、美誉度、忠诚度、偏好度和联想度。

比如杭州。美丽的西湖，《非诚勿扰》中的西溪湿地，《宋城千古情》，张艺谋的《印象西湖》，"东方休闲之都，生活品质之城"的城市战略，王国平……

什么是帅？帅就是魅力，就是传播力。传播力的本质是魅力，魅力的核心是体验。"五量"就是体验，就是魅力的体现。"五量"的内涵是什么？体量是指传播内容的丰富性，质量是指传播的品质和功能，流量是指传播渠道多元化和参与方式多样化，能量是指传播的覆盖面和有效性，增量是指传播资源利用率、转化率和贡献率。

一个城市的传播力取决于传播的体量、能量、质量、流量和增量。在这"五量"的互动作用中，关键取决于两种力量：一是传播内容的力量，从个性到人性。传播已不只是口号，更多的是形象；传播已不只是新闻，更多的是故事；传播已不只是个性，更多的是时尚；传播已不只是宣传，更多的是体验。二是传播渠道的力量，从主流到主导。传统媒体的主

流作用主要靠灌输和记忆，而新媒体和互联网的主导作用主
要靠参与。

关于城市品牌价值

城市品牌就是城市战略。

城市品牌是城市软实力、影响力、传播力的统一体。软
实力决定影响力，影响力源于传播力。怎么传播比传播什么
更重要。打通两个舆论场，全媒体整合传播最有效。

一个领导着世界信息革命的国家注定比任何其他国家都
更有力量。在信息社会里能够掌握信息渠道的国家往往能够
比其他国家有着更大的话语权，并且由信息带来的软实力正
处于越来越重要的地位。

谁拥有世界上最发达的传播媒介系统，谁就拥有影响世
界最有力的"武器"。

（2012年10月13日在中国4A金印奖杭州沙龙上的
主题演讲）

快速城市化给基础设施带来新挑战

2012 年是中国城市发展进程中的重要分水岭。这个分水岭的标志就是城市化率超过 50%，确切地说是 51.3%，城市人口首次超过农村人口。城市人口的快速增长，带来交通、资源、能源、环境、基础设施、公共服务等方方面面的变化，这些变化将改变城市的产业结构、投资结构、消费结构、文化结构和社会结构。而这些结构的变化，又引发新的能源革命、新的产业革命和新的生活方式革命。这三大革命必将成为未来城市发展新的增长点。基于这样一个判断，未来 10 年，将是中国城市发展的关键时期，也是城市基础设施建设的关键时期。这两个关键表明，中国城市发展已经进入加速发展期。快速城市化至少给城市基础设施带来三大挑战。

人口无序膨胀大大超出城市基础设施的承载能力

如果按照前10年城市化率平均增长速度计算，未来10年，中国城市化至少有10—15个百分点的提升空间。预计到2030年，中国城市人口将增加到9.1亿，流动人口超过3个亿。在这样的态势下，大城市化和大城市圈的推动作用逐步强化，流动人口正成为中国城市化加速发展的主要动力。未来10年快速城市化进程，将释放巨大的基础设施建设能力。

同时，由于城市人口快速无序膨胀，由此带来交通、住房、资源、能源、环境、公共服务等基础设施的巨大压力。从中国大中城市的现实看，人口无序集聚，外来人口"倒挂"现象和城市老龄化特征明显；交通拥堵严重，公共交通严重滞后于城市实有人口规模；能源资源紧张，大大超出了基础设施和发展要素的承载能力；生态环境恶化、土地掠夺性开发、空气污染、水资源短缺及水质下降现象日益加剧；房价居高不下，城市生活功能被弱化，并且正在拉低居民的生活幸福感。这些"大城市病"成为困扰城市可持续发展的难题。

工业化、信息化、城镇化、市场化、国际化
五种力量推动城市基础设施建设进入高成本时代

尽管中国的人口城市化已突破 50％，但基础设施城市化才刚刚开始。从城市体系看，第一级，以北京、上海、广州为核心的三大都市圈的基础设施需要与国际化接轨；第二级，以 30 个省会城市为核心的大城市基础设施需要与现代化接轨；第三级，以 300 个左右地级城市为核心的中等城市需要与城市化接轨；第四级，以 3000 个左右县（重点镇）为核心的小城市基础设施建设还远远没有开始。也就是说，中国城市基础设施建设远未完成，仍有巨大的提升和发展空间。

加快城市化进程，必须基础设施建设先行。从实践看，基础设施建设的投资强度、融资难度与可利用资源的不确定性，或者说，究竟有多少城市资源可用来偿还投资负债，如何确定负债的极限，成为困扰政府的难题。对一个城市而言，可利用资源的发掘及其对容量的判断，如何寻找新资源包括无形资源，如何盘活老资源，如何通过竞争定价实现资源置换最大化，对基础设施投资至关重要。当然，创新融资平台，拓宽融资渠道，选择融资模式，完善融资体系，也是不能忽视的。

必须强调，城市基础设施建设将进入高成本时代。起码
有 10 种成本，比如土地成本、拆迁成本、劳动力成本、能源
资源成本、环保成本、融资成本、人民币升值或贬值双重成本、
税赋成本、安全成本、交易成本，成为影响基础设施建设的
重要因素。

城市基础设施整体上进入
一个高风险期和危机频发期

城市化的快速发展破坏了传统城市的"超稳定结构"；
全球化带来城市要素的快速流动，使城市结构变得脆弱以至
风险不断增加。在这种背景下，中国城市安全呈现出四个特点：
一是危机事件呈高频次、多领域发生的态势；二是非传统安
全问题，尤其是天灾人祸组合而成的新的、灾害链成为现代
城市安全的主要威胁；三是突发性灾害事件极易放大为社会
危机；四是危机事件的国际化程度加大。

对城市基础设施来讲，巨大的投资吸引力和脆弱的基础
设施承载力之间矛盾日益加剧。一方面，城市公共安全基础
薄弱，地下管网设备老化，投资分散、功能单一、安全欠账

多，尤其是城市基础设施的环境、生态安全功能和水、电、气、通讯服务设施的安全保障还不够充分，新城市灾害的防灾能力滞后。另一方面，重建设、轻管理，重硬件、轻软件，重预案、轻预警现象还比较普遍。城市应急机制建设还存在信息集成难、资源整合难、应急联动难、条块结合难的问题，体制不顺、条块分割、多头指挥、政出多门等问题还很突出。应对突发性危机，建立城市应急联动系统，是当前乃至今后一段时期城市基础设施建设一项紧迫而重大的任务。

（2012年4月16日在"亚洲城市基础设施投融资高峰论坛"上的主题演讲）

突发事件与城市应急联动系统

对中国城市公共安全态势的基本判断

城市是一个集聚的产物。既是一个集聚财富的过程，也是一个集聚风险的过程。世界城市发展的一般规律表明，当人均 GDP 超过 3000 美元时，城市化进程将进入高速成长期，这个阶段恰好是"非稳定状态"的危机频发阶段。新的形势为城市安全提出两大课题：一是城市化的高速发展破坏了计划经济模式下传统城市的"超稳定结构"，城市人口和财富的快速集聚，对城市资源、环境、基础设施、城市管理提出了严峻挑战；二是全球化带来了城市要素的快速流动，这种人流、物流、资金流、技术流和信息流在全球的流动带来了城市要素的不稳定性和不确定性，从而使传统的城市结构变得失衡和脆弱，城市安全的风险在不断增加。

在这样的背景下，全面审视中国的城市安全，可以发现几个主要特点：一是危机事件呈现高频次、多领域发生的态势；二是非传统安全问题，尤其是人为制造的危机和天灾人祸形成的灾害链成为现代城市安全的主要威胁。由于非传统危机比自然危机更具有隐蔽性、不确定性、偶然性和突发性，政府对人为危机缺乏相应的、完善的预警和救治，从而加重了危机发生后的破坏性；三是突发性灾害事件极易被放大为社会危机。城市规模越大，现代化水平越高，灾害的放大效应就越大。就像高速行驶的飞机经受不了飞鸟的撞击一样，越是有序化的组织越容易遭到破坏；四是危机事件国际化程度加大。我们正处于一个更加开放的环境中，特别是中国加入WTO后，中国的经济、文化和社会生活越来越多地融入世界，国际交往更加频繁，世界上任何地方发生的危机都有可能影响中国，而国内的任何重大危机事件也可能在世界上产生一定的影响。

必须清醒地认识到，在全球化、城市化和经济社会转型的大背景下，中国城市，特别是大城市，从整体上已经进入一个典型的危机高发期。传统与非传统的城市安全事故的出现日益频繁。加之中国城市安全基础薄弱，安全欠账较多，公共安全形势不容乐观。这一点必须引起全社会的广泛关注，尤其是政府的高度重视。

建设危机处理系统必须解决的关键问题

加强城市公共安全管理，必须以建设危机处理系统为核心，从"硬件"和"软件"两个方面着手。从硬件上讲，在全面城市建设和全面城市发展的大背景下，要正确认识和处理投资吸引力和基础设施承载力的矛盾。城市基础设施建设的重点应转向环境与生态安全，高度重视城市基础设施的安全功能。在继续完善水、电、气、通讯等服务设施的安全保障同时，加强地震、火灾、风灾、洪水、地质破坏、传染病及其他新城市灾害和非传统危机的防灾减灾和公共安全功能建设。从软件上讲，主要是尽快建立一套统一指挥、反应灵敏、协调有序、运转高效的城市公共安全管理系统。重点要在理顺体制、完善机制、健全法制上下功夫。

第一点，理顺管理体制是城市危机处理系统建设的首要问题。从中国大城市的实践来看，危机处理并不是技术问题，而是体制问题。危机发生后，政府的主要应急联动反应业务被统一到一个指挥系统和作业平台上，从而大大提高各部门的协同程度和应急反应速度，但同时也带来了许多体制方面的冲突。比如指挥关系与权力、责任的冲突。传统的管理习惯于垂直领导，其行政理念是对上级负责，而应急联动的快速反应需要扁平化管理，其运作理念是对事件负责。这两种管理结构的差异在指挥过程中出现了权责不统一的矛盾，往往出现看得见的管不了，管得了的看不见的现象。再比如应急联动不仅需要信息联动，而且需要资源整合。由于城市管理体制不顺，条块分割严重，条条不管块块，块块管不了条条，往往出现条块信息资源不能得到充分整合和有效利用。这一点在 SARS 危机中看得非常清楚。危机处理是一个高度复杂的系统工程。正因为体制问题的存在，才期望通过应急联动系统来解决这个问题。而应急联动的实现又必须依赖于从根本上理顺体制关系。这种理顺不能等到危机发生后，而是要在危机发生前，或者说是在根本就没有危机时就要理顺。

第二点，完善长效机制是城市危机处理系统建设的核心问题。这个长效机制包括预警机制、信息机制、决策机制、专家咨询机制、组织协调机制、执行机制、法律机制、社会沟通机制、后备保障与社会救援机制以及善后处理机制。这些机制是城市危机处理系统的重要组成部分，一个也不能少。有了这些机制，危机情况下才能应急联动，才能快速反应，才能转化成职能明确、责权分明、组织健全、运行灵敏、统一高效的危机处理系统。作为一个快速发展中的城市，危机的出现是不可避免的。问题是，这个城市如何规避和控制危机以及危机发生后如何快速应对和处理。这就要看这个城市有没有完善的危机处理机制以及这个机制能不能在快速联动反应中发挥作用。

第三点，健全安全法制是城市危机处理系统的关键问题。危机是一个城市的非常之事。非常之事必须以非常之举来应对。非常之举又必须以非常之法作为其行为的依据。一个健全的安全法律法规体系应包括立法机构依据《宪法》或《基本法》而制定的《紧急状态法》及其他相关法律，以及由立法机构授权政府颁布的、有关紧急状态的法律法规。如果说应对"SARS"之战准备不足的话，法律法规的准备不足是一个重要的因素。目前中国城市还没有类似的紧急状态法，城市安全综合协调部门还没有明确的法律地位，在危机发生后组织的临时性指挥协调系统，依靠的主要是行政协调而不是法律机制，是领导权威而不是体制保障。尤其在目前中国条块分明、军地有别的特殊条件下，这种缺乏法律支持的行政协调在面临具有高度不确定性的大规模突发性事件时，其地位和处境就显得十分尴尬。需要说明的是，危机处理不仅需要法律支持，依法行政更是政府在危机事件应急处理中一个必须注意的问题。危机状态中公民的合法权益往往会被突发性应急举措所侵害。一旦处置失当，就为进一步放大危机埋下了新的隐患。由于危机状态具有高度危险性、破坏性，为最大限度地减少民众的生命和财产损失，法律必须赋予政府危机管理权，这种权力甚至包括政府在极端状态下实施的戒严、军管、宵禁等中止某些法定权利的行为。但是，政府在依法行使危机管理权时首先必须遵守合法性原则，必须在法律规定的权限范围内行事，不能误用和滥用法定权力。

最后，还必须强调一点，公共安全是一个城市的战略问题。说到底是一个科学发展观问题。实现以人为本，实现经济社会全面、协调、可持续发展，必须加强城市公共安全管理，加快城市危机处理系统建设，实现公共安全管理与城市发展同步战略，或者说公共安全优先于经济发展的战略。这个战略取决于城市决策者的认识，更取决于城市管理者的行动。

（2004 年 9 月 2 日在"沈阳－东京中日论坛"上的主题演讲。此文被新华社、台湾、香港及日本等国内外多家媒体转发，受到国务院领导高度重视。曾培炎副总理对此作出重要批示，要求建设部针对此文提出的建议深入研究和落实。）

尊重城市规律　回归地产价值

　　房地产是最为敏感、最为关注、最为复杂、最为重大的一个问题。最为敏感是指可以预见和难以预见的风险不断增多，稍有不慎，后果无法设想。某位学者说话稍有偏差，就会引起非议，甚至还得道歉，即使是某个人在不适当的时间说了正确的话，也会造成难以预料的后果；最为关注是指关注的人群数量多，规模大，成分复杂，持续时间长。焦点是房价，重点是政策导向；最为复杂是指房地产把政府、开发商、百姓的利益交织在一起，但协调和平衡政府、开发商、百姓利益的难度却越来越大；最为重大是指房地产涉及面广，与经济、金融千丝万缕，影响至深，更关乎民生，关乎经济持续增长，关乎和谐社会建设。之所以说是一个问题，是指房地产的发展正在探索还没有答案。在党的十七大报告第八部分"加快推进以改善民生为重点的社会建设"一章中提出，"努力使全体人民学有所教，劳有所得，病有所医，老有所养，住有所居"五大目标，接下来的"六项措施"却对应的是前四个目标，唯有"住有所居"没有具体措施，这很值得我们深思。

房地产是推动城市化加速发展的重要动力，是国民经济持续增长的重要支柱之一

从改革开放 30 年的实践看，房地产对区域经济的拉动作用是明显的，对地方财政收入的贡献是巨大的。房地产对地方经济增长和地方财政的贡献率一般在 20%—50% 之间，有的地方高达 70%；从今后看，房地产仍然是经济持续增长和地方财政收入的重要来源，也是加快城市化进程的重要动力。党的十七大报告指出"加快转变经济发展方式"主要有三条：一是由主要依靠投资、出口拉动向依靠消费、投资、出口协调拉动转变；二是由主要依靠第二产业带动向依靠第一、第二、第三产业协同带动转变；三是由主要依靠增加物质资源消耗向依靠科技进步、劳动者素质提高、管理创新转变。这三条

的核心是扩大国内需求特别是消费需求。国内最大的消费需求是什么？消费产业、第三产业中的支柱又是什么？我看其中很重要的方面是房地产。

从城市化进程看，中国城市化已进入加速期。2006 年底中国城市化率已达到 44%。按照五普人口统计 13 亿计算，44% 就意味着目前中国已有非农人口 5.7 亿。如果按照城市化率年均增长率 1% 左右计算，到 2020 年中国城市化率将达到 60% 左右。按照 2020 年中国人口总量 14.5 亿计算，2020 年中国的非农人口将达到 8.7 亿。意味着 13 年内中国将有 3 亿人口从农村户口变为城镇户口。这 3 亿人如何从农村户口变为城市户口？最主要的途径，2/3 的农村人口大约也就是 2 亿多人，是大中城市的近郊区通过政府征用土地后变成城市户口。如果这些失去土地的农民平均每人按 3 分土地计算，2 亿多农民大约有多少土地？这么多土地用来干什么？最多的用途还是盖房子。可以肯定地说，房地产仍然是今后推进城市化进程的重要动力。

从城市发展趋势看，人口向大城市集聚是城市化的主流，其中流动人口是重中之重。按照目前的趋势，到 2025 年，将有大约 10 亿中国人居住在城市。届时有 200 多座人口超过 100 万人的特大城市，其中包括 10 个超过 1000 万人的超级城市。

流动人口将达到或超过 2.4 亿人。这 2.4 亿人又会主要集中在
大中城市。住房和就业成为他们首要的需求。流动人口将成
为推动城市化进程的主要驱动力。这 2.4 亿流动人口的住房需
求再加上 2 亿非农人口的住房需求，就是未来中国房地产的新
增需求，也是中国城市最大的消费需求。这种消费需求必将
拉动房地产业成为未来中国经济持续增长的重要支柱。

科学、理性、正确地认识房地产发展的阶段性特征

特别强调的是，回归房地产价值，必须尊重城市发展规律。
要以科学、理性的态度深化对房地产发展的阶段性特征的再
认识，正确处理好以下几个关系：

宏观调控和市场调节的关系。历次宏观调控，首当其冲的
是房地产，影响最大的也当属房地产。房地产是一个相当特殊
的经济产物，这种特殊性主要表现在投资中有消费，消费中有
投资。因此，哪些需要宏观调控，哪些需要市场调节，都需要
我们用科学、理性、正确的态度去认识。比如房子的面积是 70
平方米还是 90 平方米，我看这是市场行为，完全是消费需求
决定的，是市场调节的结果，不需要宏观调控，更不需要出台

什么 70/90 政策来调节，因为即使 70 平方米，低收入者甚至中低收入者也买不起；相反，政府土地出让金的 10% 是否用于建廉租房，开发商是否具有 35% 的自有资金，倒需要宏观调控一下。重要的是，宏观调控惯用的金融政策和财政政策，更要考虑政府公共财政用多少资金建廉租房，金融政策上对老百姓能否提供更大比例更长期限的购房贷款等。

收入与房价的关系。房价是大家非常关注的焦点。实际上，房价高低是市场行为。市场是由消费决定的，消费是由需求决定的。而需求又是多层次多样性多元化的。也就是说房价的高低是由多层次多样性多元化的收入结构决定的。因此，科学看待房价重要的是看房价收入比。从收入结构和购买力状况看，高收入者、中等收入者和低收入者对房价的敏感是不同的。因为高收入者无论房价多高，他们也能买得起；而对于低收入者，无论房价多低，他们也买不起。因此，高收入者让市场来调节，低收入者必须由政府来负责。对于中等收入者，则需要政府通过宏观调控政策来解决。一方面应当千方百计提高中等收入者的比例，想方设法增加他们的收入；另一方面在金融政策上特别是在房贷政策上应重点考虑，也就是房贷政策能不能降低首付，降低利息，延长还贷期限等，总之是让这些中等收入的人群能够贷得起款，买得起房，还得起款。如果天天出台很多政策，天天喊宏观调控，中等收入者还是买不起房，那出台的政策还有什么用呢？

经济增长和改善民生的关系。房地产是拉动投资和扩大需求的重要支柱。坚持扩大消费需求，加快转变经济发展方式，必须坚定不移地加快发展房地产。不仅要加快速度，更要为房地产企业提供良好的制度环境、政策环境和舆论环境。同时，房地产也是民生大计，关乎每一个老百姓的切身利益，特别是低收入者的直接利益。因此，政府要把解决低收入者的住房问题特别是通过廉租房建设解决低收入者住房问题纳入公共财政和公共服务的范畴。廉租房是一项国家战略，是完全的政府行为，是政府采购，不能把廉租房当成准市场行为或者半政府半市场行为。建设廉租房需要政府加大公共财政投入。公共财政投入多少是衡量一个地区和政府改善民生的重要标志。

（2008 年 7 月 6 日在中国·无锡房地产高峰论坛上的主题演讲）

深港共建世界城市是深圳未来 30 年发展的战略选择

中国的加速崛起需要世界城市的支撑

1. 世界城市是对全球经济、政治、文化具有控制力和影响力的国际中心城市

经济全球化、政治多极化、文化多元化和社会信息化的相互交织和互为推动加速了全球网络的形成。以城市为载体，在全球网络中形成了资源要素流转和配置的一个个节点。这些节点集结成为一个多极化、多层次的世界城市网络体系。其中，对全球经济、政治、文化具有影响力和控制力的主要节点城市就是世界城市。

对全球政治经济具有控制力与影响力是世界城市的两个核心功能。世界城市的控制力主要表现在对全球战略性资源、战略性产业和战略性通道的占有、使用、收益和再分配。战略性资源是指与国家、城市的运转、发展、壮大息息相关的重要条件和能够带来巨大回报的关键要素，可以是硬性的自然资源、资金等资源，也可以是软性的政策、人才、信息等资源；战略性产业包括战略性支柱产业和战略性新兴产业。战略性支柱产业首先表现为很强的发展优势，对经济发展具有重大贡献，同时，直接关系经济社会发展全局和国家安全，对带动经济社会进步、提升综合国力具有重要促进作用。相比较而言，战略性新兴产业更多地表现为具有市场需求前景，具备资源能耗低、带动系数大、就业机会多、综合效益好的特征，包括新能源、新材料、生命科学、生物医药、信息网络、空间海洋开发、地质勘探等产业；当然，在全球城市网络当中，资源的流转与配置、产业的分工与合作是需要通道的。战略性通道就是以战略性区位优势为依托，以港口、航空、公路、铁路等现代化、立体化的综合交通体系为基础，构建面向全球的资源要素流通和产业梯度转移通道；这都是涉及全球政治安全和经济发展的长期性、全局性、关键性问题。只有对这些问题具有把控权、主动权，能够发挥决定性作用的城市才可以称之为世界城市。

从某种意义上来说，没有控制力也就没有影响力。控制力属于"硬实力"，而对于一个全球性的世界城市而言，还有一个更为重要的层面，就是"软实力"的建设，比如价值观、文化文明、城市精神等，而建设的核心都与无国界、多元文化、开放性等关键要素息息相关，更多地表现为对内的感召力和对外的影响力。作为一种具有强大辐射性和渗透性的软控制力，影响力是世界城市的核心功能之一。

从本质上讲，世界城市是全球战略性资源、战略性产业和战略性通道的控制中心，也是世界文明融合与交流的多元文化中心。深港都会世界城市的建设过程就是不断增加其对世界的控制力和影响力的过程。

2. 北京、上海、香港建设世界城市是带动三大区域发展，推动中国加速崛起的主要力量

目前，全世界已经有超过 50% 的人居住在城市，中国 2008 年底城市化率已经达到 45.6%，约 6.07 亿人已经生活在城市，到"十二五"末期，中国的城市化率将突破 50%。城市将成为世界政治经济的主要载体。长三角、珠三角、环渤海三个区域未来 10 年的经济总量将占到全国的 75% 以上，已

经成为影响中国发展的三大区域。长三角的领头城市是上海，上海世界城市的建设将会带动整个长三角地区的发展，进而带动安徽、江西等泛长三角地区的发展。环渤海地区领头城市是北京，目前北京提出了建设世界城市的战略目标，通过世界城市的建设，京津同城化步伐会进一步加快，从而带动整个环渤海区域发展。珠三角地区的领头城市是香港。香港世界城市的建设将会带动泛珠三角地区，包括中国 - 东盟自由贸易区的发展。

3. 深港共建世界城市优势独特，潜力巨大，大有可为，责无旁贷

深圳是中国改革开放的成功典范和排头兵，30 年来依托香港、学习香港、服务香港，既发展壮大了自己，又为香港、为国家乃至世界经济的发展做出了重大贡献。面对全球经济一体化的新形势，香港是深圳扩大开放范围、提升国际化水平、谋求新一轮发展的动力。事实上，从城市人口规模看，深圳和香港两地接近 2000 万人，可以称得上一个国际大都会。从经济规模看，2007 年香港与深圳 GDP 总量达 3000 多亿美元。从产业优势看，香港是公认的国际商贸中心，拥有发达的服务业，而深圳是全球诸多产品的制造中心，拥有强劲的高新

技术产业。从海运方面看，香港的码头和深圳的港口分别为世界排名第二位和第四位的集装箱大港，香港机场的货运量名列世界首位，而深圳机场客运吞吐量已达 2062 万人次，深港两地机场的客运总量相加后也排在全球前 10 位。从金融方面看，香港为世界公认的亚太金融中心，全球金融机构在香港林立，存款额达 5.6 万多亿港元，而深圳为中国珠三角区域性金融中心，金融机构存贷款余额双双突破万亿元。香港证券交易额已进入世界前 7 位，深圳是中国两个证券交易中心之一，前景广阔，深港两地证券交易额相加，也可进入世界前 5 位。如果能够建成深港国际大都会，而深港的 GDP 可以保持年均约 8% 的增长率，到 2020 年，这个国际大都会经济总量将达到 1.11 万亿美元，排名世界城市第 3 位，超过伦敦、巴黎；如果以 6% 的年增长率计算，也会排名世界第 4 位。

世界经济重心东移为中国建设世界城市创造了历史机遇

1. 世界城市产生的五个条件

第一，世界城市产生于世界经济增长的重心区域。换句话说，只有在世界经济增长的重心区域，才能实现要素的集聚与流动，才能吸引大批国际机构、高端人才的进入，才能形成高端产业体系，也只有这样，才能产生对全球经济具有控制力和影响力的世界城市。第二，世界城市的形成和发展依赖于世界城市区域体系的强大支撑。世界城市的发展都不能靠单个城市的发展，而是要靠整个世界城市区域的繁荣。在这次全球金融危机中，伦敦、迪拜等城市发展的最大教训就是没有"腹地"。第三，世界城市是中心城市与周边地区相互作用的产物，集聚和辐射是世界城市发展和演进的重要机制。世界城市通过加强与周边城市的关系，形成要素的集聚和辐射，以获取规模效应和集聚效应，从而形成更大规模的人流、物流、资本流、技术流和信息流。并在此基础上，建立分工有序的产业关系，共同构建国际经济增长引擎。其中，总部集聚程度则决定着世界城市的网络集聚和辐射能力。第四，创新能力是世界城市发展的根本动力。创新是世界城市建设与发展的根本动力。创新不仅为城市产业结构带来生机和优化，促进产业扩充和产业价值链的形成，从而提升城市价值。同时，也有助于避免结构失衡、社会矛盾加剧、环境恶化等大城市病，从而促进世界城市可持续发展。第五，世界城市的形成是一个持续渐进的过程。纽约、伦敦、东京三大世界城市的形成都经历了一个漫长的过程，同时，由于世界经济政治格局和世界城市体系的变化，伦敦、东京在世界城市体系中的地位也出现了下降的趋势。在这个过程中，一批发展中国家，包括巴西、俄罗斯、印度、中国等，在不断发展的进程中已经开始谋划建设世界城市。

2. 中国在应对国际金融危机中走向世界前台，为中国建设世界城市在客观上提供了条件

2008 年以来的国际金融危机，不仅导致了全球经济的衰退，更重要的是引发了世界经济格局的变化。以"金砖四国"为代表的新兴市场经济在世界经济格局中的影响和实力加速上升，并在后危机时代占有更大的发展先机和空间。世界金融体系正在重建，世界经济政治格局正在重新洗牌，中国有理由成为国际金融新秩序中的主角之一，并逐步走向世界前台发挥其大国作用。大国崛起中的中国城市有条件、也有必要承担全球经济引领者的职能，从而释放中国的大国影响力和控制力。与此同时，金融危机也将催生新一轮的技术革命和带来世界经济新一轮的高速增长期，在这个过程中，必然会在世界经济增长最快的地区迅速出现一大批具有实力的城市，中国应该抓住这一难得的机遇建立具有国际影响力的世界城市。以香港 - 深圳、北京 - 天津、上海为代表的一批中国城市必将伴随经济全球化、金融全球化的趋势脱颖而出，成为一批新兴的世界城市。

3. 深圳、香港在世界经济格局中的位置与地位决定了深港合作将形成一个新的增长极

从层次上划分，世界上的国际城市大致分为三个层次：第一层次是世界城市，也被称为全球性国际城市，即对全球经济有重要影响的世界顶级城市，如纽约、伦敦、东京等；第二层次是区域性国际城市，即在世界某一区域中占有重要地位，如香港、新加坡、巴黎、芝加哥、洛杉矶、首尔等；第三层次是国家性国际城市，此次国家城乡建设部编制的《全国城镇体系规划》中，把北京、上海、天津、重庆、广州列为国家中心城市。深圳不在其中。因此，严格来说深圳还算不上是国家性国际城市。而香港的世界地位已经为世人所公认，与纽约、伦敦共同被称为"纽伦港"发展模式。香港最有可能成为中国乃至亚太地区顶级世界城市。但就现实而言，仅靠香港自身发展则很难达到，香港必须联手深圳，共同形成世界经济一个新的增长极，进而带动整个珠三角地区的发展，方可与纽约、伦敦、东京并驾齐驱。

与此同时，深圳也必须依托香港，在共建合作中不断提高自身的城市等级。

深港共同建设世界城市时机和条件日趋成熟

1. 构建深港都会是两个城市共同发展的必然趋势

深圳与香港有一种天然的珠联璧合性的合作关系。深圳应该而且也必须与香港联手，共同构建全球性的世界城市。毋庸讳言，在回归初期，"两制"之间的分界、隔离被人为强化，阻碍了两地之间的合作交流。现在的情况已大不相同，两地最关心的是如何尽快减少各种限制，尽可能实现人员、货物、资金的自由流动。在构建全球性世界城市的进程中，更好地借助香港优势，是深圳未来发展的一个重要战略。在同深圳的合作中寻求珠三角乃至祖国内地更广阔的发展空间和更强劲的发展动力，也是香港未来发展的必然选择。经济融合、共同发展，已成为深港两地的共识。事实上，深港两地已经形成"你中有我、我中有你"的经济及利益格局。在经济发展方面，无论深圳还是香港，都不能完全避开对方而自行其是。深港经济正在日益密切融合，这已是不争的事实。

2. 深港共建世界城市应上升为国家战略

从长远来看，按照国家中长期发展计划，到 2030 年，中国将成为世界最大的经济体之一，大中华圈经济实力接近美国，也接近欧盟。这就要求未来中国要有纽约、伦敦这样的世界级国际大都会和国际金融中心。纵观世界城市发展的规律和经验，中国有条件建设世界城市的是北京、上海和香港。这三个世界城市的崛起，将带动环渤海、长三角和珠三角的腹地繁荣，推进世界城市区域体系形成，从而引领中国在世界的加速崛起。因此，通过构建深港国际大都会，使经济中心功能得以集聚，充分发挥香港通往国际的路径和管道作用，发挥深圳连接内地广大腹地的功能，对于提升国家经济在世界经济格局中的地位和影响力亦非常重要，因此深港共建世界城市应该上升为国家战略。需要强调的是，中国正处在新一轮解放思想、改革开放的重要关头。在过去的解放思想、改革开放历程中，深圳和香港发挥了无可替代的先锋带头和积极推动作用。构建深港超级国际大都会，不仅是进一步解放思想、改革开放的产物，而且将进一步带动新一轮解放思想、改革开放的热潮。显然，打造深港超级国际大都会，不单是为了深港本身及区域经济，更是为了国家的改革发展和民族的伟大复兴。

3. 构建城市综合创新体系，深化制度合作，加快深港一体化，真正成为珠三角的龙头城市

深港合作建设世界城市建立在"一国两制"的基础上，没有成功的先例可循。因此，必须导入创新理念，谋求区域新一轮发展的路径和对策。深港都会发展合作模式的核心是制度创新与合作。制度创新的关键不仅在于促进深港及中国内地各类生产要素的合理流动，更重要的是强调法律制度以及基本的币制和税制的创新与合作，强调投融资体制的改革与对接、政府间日常工作的协调与合作机制等。与此同时，深港合作还应该重视社会创新，通过新的、更有效的方法的设计和开发，共同应对城市扩张、交通堵塞、人口老龄化、慢性病以及失业等迫在眉睫的问题，这是关系到深港都会建设成功与否的关键。在深港都会建设中，还应充分发挥河套地区特殊地理优势，建设"特区中的特区"成为深港都会的示范区，在河套地区率先进行两地人员自由流动探索。重点是加强基础设施对接，在"一国两制"和不失各自特征的前提下，共同制定城市规划和交通运输规则，改善出入境管理方式，实施交通便利化，建设深港一小时都会生活圈，使两地人流、物流、资金流、科技流高度流通。深港两地政府可以在"一国两制"和不失各自独立性及独特性的前提下，考

虑组建深港都市规划机制，通过共同协商，成立深港大都市规划委员会，从深港两地的共同目标出发，对区域基础设施布局、产业布局、环境保护、边境开发、城市发展长远目标与定位等进行深度交流，在达成共识的基础上，制定深港国际大都会的策略性城市规划和交通运输规划。这种宏观性规划，不仅是为了相互协调，减少恶性竞争，避免资源浪费，更重要的是通过城市功能规划的布局带动深港国际大都会经济的共同发展，以早日实现深港国际大都会的宏伟目标，进而拉动珠三角大都会区的经济发展，实现国家发展战略并服务全球经济。

4. 国际金融中心、国际创新中心、国际航运中心是深港共建世界城市的发力点

第一，加快建设国际金融中心。金融是全球经济政治的核心元素，也是区域经济发展的动力。香港作为国际金融中心的最大优势，是背靠全球经济最活跃的中国内地。推动深港两地金融业的交互和融合，本身就是实现深港国际大都会的一个重要内容和目标。加强深港的金融合作，不仅可以带动深圳金融业的发展，而且能够从实质性的层面加深香港与内地金融活动的联系，进一步强化香港国际金融中心的地位

和功能。

第二，加快国际创新中心建设。鼓励创新，发展高新技术产业，不仅是深圳自身提升综合实力的重要经济支点，而且是与缺乏高科技产业的香港优势互补，共同构建超级国际大都会的战略需要。两地要积极推进深港创新圈合作，深圳除了巩固自身高新技术产业的优势外，还要加强与香港的创新科技合作，利用香港作为国际金融商贸中心、科研实力和完善的市场机制，将深圳建成国际级品牌、专利创造和注册中心，建成国际级高新技术产业生产基地和自主创新基地。更为重要的，深圳应总结改革开放 30 年的成功经验以及"排头兵"、"试验田"的成果，深化行政体制和社会体制领域改革，推进深圳社会创新。

第三，加快建设国际航运中心。当今世界正在经历一个临空时代、高铁时代和远洋时代。建立一种国际化的、立体化的交通体系，才能对战略性资源、战略性通道实现有效影响和控制。深港应加快两地港口业务整合，形成整体优势，抢占全球航运制高点。目前，香港码头建设和集装箱货物来源、容量等均受到不同程度制约，而深圳港口发展和货物源有极大潜力。为此，深港两地应紧密合作，香港应以组合航运的方式，联合并向深圳港口延伸航运，深圳也应以组合航运方式向香港扩展航运,双方有机配合相互组合延伸扩展。通过深港机场铁路接驳,并实行"一地两检",有效促进两地人员流动,打造全球瞩目的深港"超级空港"。在空港业务方面进行深度合作,在平等双赢的基础上,实现两地机场的小股权交叉持股。

5. 深港共建世界城市必须坚持执政党主导的国家治理模式

深港虽然实施不同的制度,但是两地都同在一个主权国家,可以说"一国两制"是深港共建世界城市的基础。也就是说,打造深港国际大都会,除了需要深港两地政府的努力外,还有赖于中国共产党领导的中央政府在国家政策层面给予支持。一方面,大都会城市经济圈的形成和发展需要国家规划的指导和协调。因为大都会城市经济圈的发展不仅仅是一个区域性问题,往往需要从国家战略层面来考虑发展对策,何况构建深港国际大都会这样的超级国际大都会,更需要国家加强区域规划工作,发挥规划的指导、协调和约束作用。另一方面,由于"一国两制"下的深港合作有别于内地"一国一制"下城市之间的合作,也需要国家政策的支持。香港与深圳共同打造国际大都会,实现人员、资金、货物的自由流动,皆需要国家给予有别于内地城市的特殊政策。中央政府应将构建深港创新圈，打造深港超级国际大都会纳入国家的总体规划之中，从国家发展战略的层面，支持将深港国际大都会打造为中国第一个超级的国际大都会，使之真正成为充分体现"一国两制"成功实践和"改革开放"深化发展的世界城市。

（2013 年 11 月 18 日在"2013 深圳国际化城市建设研讨会"上的书面发言。本文刊载于《城市前沿》2013 年第 8 期）

成都城乡一体化的
制度设计和制度创新

　　从两个30年看中国的发展变化，我们发现，前30年中国的变化主要是发展方向的转变，即从计划经济向市场经济的全面转型。未来30年，中国的变化将是发展方式的转变。转变发展方式的未来30年，将是伴随中国城市化进程的30年。也就是说，如果按照城市化率年均增长1%的话，中国的城市化率将在30年后上升到75%左右。在这个过程中，转变发展方式最基本的推动力量，关键是农村城市化，核心是城乡一体化，根本是新型城市化。因为，农村城市化，关键是要解决农民、农业和农村的转型问题；城乡一体化的核心不是空间上的一体化，而是制度上的一体化。制度一体化是城乡一体化的重点，也是难点；新型城市化，根本在于如何构建一套中国特色的大中小城市与城镇农村协调发展的新型城乡体系。在这方面，成都作为全国统筹城乡综合配套改革试验区和推进城乡一体化的先行区，做了有益的、可供借鉴和推广的积极探索，这种探索不是零碎的、单一的，而是完整的、成体系的总体设计。这种总体设计为中国的农村城市化、城乡一体化和新型城市化实践提供了范例、样本和示范。这种范例、样本和示范，不是一般意义上的改革实践，其核心价值在于它的制度设计和制度创新。这种制度设计和制度创新的意义主要体现在以下三个方面：

第一，以"三个集中"为根本方法的制度设计和制度创新，为加快农村城市化探索出一条集中、集约、集群化发展的重要路径，特别是为推动农民、农业、农村发展方式的全面转型提供了样本。工业向集中发展区集中，走集约化、集群化发展道路，以工业化作为城乡协调发展的基本推动力量，优化了资源要素的配置和利用，提高了工业化水平和质量。农民向城镇和新型社区集中，妥善解决了征地农民和进城务工农民居住、就业、子女教育、社会保障等问题，推动了农民生活、生产方式的转变，加快了农民市民化的进程。土地向适度规模经营集中，进一步转变农业发展方式，加快第一产业向二、三产业的转移和融合，推动现代农业的发展。特别是成都实施的"农村产权制度改革、农村新型基层治理机制建设、村级公共服务和社会管理改革、农村土地综合整治"四大基础工程，又为"三个集中"的全面推进提供了制度保障。

第二，以"六位一体"为核心的制度设计和制度创新，为统筹城乡一体化从科学体制上建立起一套同发展共繁荣的新型城乡关系，构建了一套城乡经济社会发展一体化的制度体系。我刚才谈到，城乡一体化不是空间上的一体化，不是把所有的农村都变为城市，而是制度上的一体化，是让农村享有与城市一样的制度。这个制度的核心就是成都实践所探索出的"城乡规划一体化、城乡产业发展一体化、城乡市场体制一体化、城乡基础设施一体化、城乡公共服务一体化、城乡管理体制一体化。"这六个一体化，是一套完整的、系统的统筹城乡配套改革的制度设计。这种制度设计和制度体系超越了只管城不管乡、只重城不重乡、城乡分割、城乡分治的传统体制，对城乡二元体制实现一元化管理。这种统筹城乡一体化发展的实践，正在成为中国公民权利从城乡二元分割走向城乡一体化的现实样本，形成了城乡共同发展、城乡共享成果的机制和体制。

第三，以"世界现代田园城市"全球定位为标志的制度设计和制度创新，为新型城市化提供一个具有时代特征、中国特色和成都特点的统筹城乡发展的新标杆、新样板、新经验。世界现代田园城市的全球定位，其意义标志着它将推动城市发展方式的全面转型，标志着城市发展从外延式扩张向内涵式发展的变革，标志着城市发展从定位理论向价值理论的提升。这个内涵和价值就是"全面城市化、率先现代化、充分国际化"，本质上是对城乡一体化实践的全面升华。这又是一个创新性的、前瞻性的、具有时代特征、中国特色和成都特点的制度设计。所谓时代特征，就是瞄准国际城市的高端形态，全城谋划、全域统筹和全球定位；所谓中国特色，就是探索一条符合中国国情的新型城市化道路，就是构建大中小城市与城镇农村共建共享、相互促进的新型城乡关系和新型城乡体系；所谓成都特点，正如成都市委领导所讲的"自然之美、社会公正、城乡一体"，我再加一条，叫"宜居宜业"。这十六字所体现出的城市价值体系反映了成都在"全国统筹城乡综合配套改革试验区"实践中所形成的、先进的发展理念、科学的发展思路、明确的发展定位和创新的发展模式。这正是成都城市可持续发展的核心价值所在。

（2010 年 6 月 6 日在"统筹城乡发展成都论坛"上的主题演讲）

武汉城市综合竞争力的战略前景

武汉2049：站在明天谋划今天

研读武汉市委书记阮成发《实现大武汉的全面复兴》和市长唐良智《全面复兴大武汉，阔步迈向2049》两篇文章，感怀颇深。总体看，武汉2049，展现出世界格局城市的大战略、大气魄、大情怀。大江大湖大开大合大城大美，从战略中枢国家中心城市迈向世界格局城市，"功成不必在我"，一张蓝图抓到底，真正对历史负责，对未来负责，对子孙后代负责。这些话令人振奋。尤其是市委书记阮成发的这样一段话："面对每年5000多亿的固定资产投入，面对全市近万个工地，面对一批决定城市功能的重大项目，每当夜深人静时，我常感惶惑疑惧，担心我们现在满怀激情、投入巨资做的事情，是否做错了，是否经得起历史检验，是否对得起我们的子孙。"这段话应该引发更多的市委书记、市长们去思考。

提升城市竞争力必须整合价值链

什么是竞争？竞争的核心是获取或争夺比较优势。

什么是力？力的核心是一种思维范式，本质是先进的发展理念。

什么是价值链？价值链是城市价值的全过程和关键节点的整合机制。也就是把城市价值的各个环节，包括经济实力、创新能力、成长活力、发展潜力、人文魅力整合并转化为竞争优势。如下图所示，武汉城市竞争力从战略层面讲，可以归纳为以下五个方面：

（一）做大做强制造，夯实经济实力。工业是城市经济实力的基础，特别是传统制造业是武汉的优势。在未来发展中，既要注重发展先进制造业，又要提升传统制造业，更要促进生产性服务业与制造业融合发展。不久的将来，武汉必

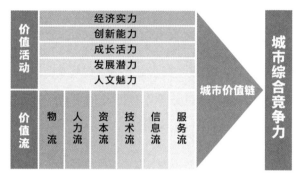

城市价值链模型

将成为名副其实的全国制造业中心，并在全球制造体系中占一席之地。

（二）**科技引领发展，增强创新能力**。科技中心必然是创新中心、产业中心、经济中心。东湖国家自主创新示范区引领武汉发展。前沿科学、创新资源在武汉聚集，创新成为推动大武汉全面复兴的强大动力。

（三）**发挥大学优势，释放成长活力**。武汉有78所大学，130万在校大学生，青春活力涌动。大学是知识的殿堂、人才的摇篮、文明的园地、思想的载体、创新的基地。大学与城市血脉相连，共生共荣，与大学同行，城市活力永续。

（四）**守住生态底线，永续发展潜力**。武汉是"百湖之市"，是一座"浮在水上的城市"。凸现武汉湖光山色，必须把武汉 166 个湖泊作为最重要的资源加以保护。绝不填湖，绝不环湖铁桶式开发，绝不能把湖岸线建成有钱人的私家花园。更重要的是，"山、水、林、田、湖"，是城市生命的有机体。武汉市域 8494 平方公里范围内，规划了约 7000 平方公里的生态涵养区，城市 3261 平方公里都市区内，划定了 1566 平方公里生态底线区。永续发展潜力，必须死守生态红线：一寸水面也不减少，一寸山体也不蚕食，一滴污水也不排放，一棵树木也不砍伐！

（五）**塑造城市特色，彰显人文魅力**。文化是城市的灵魂。文化汇聚力量，文化引领时尚。武汉是中国历史文化名城，是中华知音文化之根、楚风汉韵之地、白云黄鹤之乡，三国文化、首义文化、商贸文化交相辉映。武汉提出建设读书之城、博物馆之城、艺术之城、设计创意之城、大学之城"文化五城"，既提升城市品质，更彰显城市魅力。

提升城市竞争力必须念好"软"字经

（一）**着眼城市软功能，在构建公共服务体系上下功夫**。一个城市要吸引、留住、利用高端资源要素，比如高端人才、高端资本、高端技术等，就必须具有与之相适应的、配套的城市功能。特别是公共服务功能，包括教育、医疗、交通、社会保障、社区服务在内的公共服务体系。武汉的城市竞争力强不强，关键看城市功能强不强，看是不是具备了宜居、宜业的城市功能。

（二）着眼文化软实力，在提高文化开放水平上下功夫。软实力就是影响力。软实力来源于六种资源：一是文化，二是意识形态、政治价值观和公信力，三是制度模式，四是对外政策，五是信息渠道，六是国民素质和形象。从文化看，只有那些具有高度包容性，并且为世界文化贡献出重要力量的文化才可以成为软实力的来源。文化软实力的核心是国际话语权，这种话语权就是平等参与国际事务和平等配置全球资源的资格，包括定价权、信息发布权、文化主导权、技术标准权、市场引领权和规则制定权。

提升武汉文化影响力，必须在提高文化开放水平上下功夫。特别是让文化与科技、金融、产业、社会、生态文明整合发展，让文化具有更大范围的包容性，让文化成为市场经济的推动者；另一方面，全面提升人的素质和促进人的全面发展，人的道德水准、素质修养、文明程度，对武汉城市竞争力具有重要作用。

（三）着眼创新软环境，在优化政府制度环境上下功夫。

创新是城市竞争力的源泉。看一个城市的创新水平，关键看企业家的生存环境、社会组织的成长环境、政府的公共服务环境。十八届三中全会讲，使市场在资源配置中发挥决定性作用和更好发挥政府作用，关键是如何创造平等、公平、法治化的制度环境。

提升城市竞争力，必须继续在优化政府制度环境上下功夫。如何更好发挥政府作用，关键是两个字：一是减，二是放。减就是减少干预、减轻赋税、减去审批；放就是放宽准入、放开竞争、放活政策。用法治化的方式治理政府，营造法治化的平等竞争环境，这就是最好的竞争力。

（2013 年 12 月 20 日在地铁时代·大武汉城市竞争力高峰论坛上的主题演讲）

海口独特的城市竞争力

  城市竞争力分为综合竞争力和核心竞争力。判断一个城市的综合竞争力要综合考察城市实力、城市能力、城市活力、城市潜力和城市魅力等诸多要素。而判断一个城市的核心竞争力则关键看两点：一是现实优势；二是未来潜能。这两点是决定一个城市是否具有核心竞争力的最核心的要素。从某种意义上讲，未来潜能比现实优势更具有竞争的独特性。从未来潜能看，海口的竞争优势非常突出，主要表现在以下五个方面：

  一是优越的生态环境。这个被称为"生态岛""健康岛""阳光岛"的滨海城市，建成区绿化覆盖率达到41%，全市森林覆盖率达到41%，近4年新增绿地820公顷，空气质量常年保持国家 1 级水平，在世界大中城市空气质量排名中名列第 5。从世界看海口，作为生态保护最好的一片净土，海南的资源和生态环境在中国是绝对稀缺的。

二是充足的土地储备。城市化有两个加速器，一个是银根，即金融资本；另一个就是地根，即土地资源。而土地是城市化进程中最核心、最具活力、最有增值潜力、最容易被政府控制和盘活的重要资产。应该说，在前 10 年海南错过了一次极其重要的经济增长周期。而错过的这个 10 年正是全国土地资源的黄金升值期，也是全国土地资本化的加速期，而在海南却变成了土地升值的等待期，正是这种等待以及由此所形成的经济滞后现象，却为海南长远发展储备了足够的土地，并提供了高品质的价值空间。这种以"时间换空间"的独特背景，使海南拥有一个高达 2.3 万多公顷，大约 35 万亩的"土地银行"，并形成了海口独特的后发优势。

三是宜居的品牌价值。品牌是一个城市价值最大化的集中体现。品牌就是一个牌子、一个符号，但这个牌子、这个符号关键在能否让大家有口皆碑，让城市所有的居住者、投资者、旅游者认同和满意。品牌也是一个多元价值的整体，从品质上讲，它应该是宜居、宜业、宜学、宜商和宜游的统一体。但城市发展的价值导向第一要务是宜居。宜居是城市发展的底线，

环保是城市发展的红线，这两条线都不能逾越。应当承认，从
经济总量看，海口在全国 35 个大中城市中排名靠后，但从生
活质量看，海口的"宜居度"却名列前茅。从规划看海口，在
游艇码头，可以独享城市的繁华与宁静；在世纪公园，可以感
受海湾的浪漫与活力；在新港片区，可以体验"海岛不夜城"
的风情与风姿。"阳光海口、娱乐之都、品位之城"对海口并
不遥远。

四是开放的移民文化。海口历史悠久。从地理区位看，海
口是中国疆域最南端、最大海洋省唯一的一座国家级的历史文
化名城，也是古代海上丝绸之路的重镇；从人文历史看，海口
是具有移民文化、海洋文化、火山文化、地域文化等特色鲜明
的历史文化名城。海口既有像海瑞纪念园、五公祠、琼台书院、
火山岩遗址等众多人文历史景观，也有至今保留独具南洋风格
的旧城老街和骑楼建筑。特别是多次移民所形成的本地文化与
外来文化的融合，形成了海口更加包容、更加开放、更加宜居
的社会环境。

五是创新的发展模式。海南是最大的经济特区，在海口突
出大特区省会城市的"特"字具有得天独厚的条件。从发展的
角度看，如何在生态环境脆弱、能源与资源有限的岛上，既找
到新的发展模式与产业模式，又不失海南岛最宝贵的东西，关

键要靠创新，主要靠企业家来创新。旧城保护、新区开发、土地盘活、产业发展、强区扩权、政府转型，等等，海口市委市政府依靠创新正在探索一条转变发展方式、破解发展难题、统筹城乡发展、降低资源消耗、保护生态环境的新路。我们已经看到，海口在体制创新和发展模式上的新突破，已变成海口城市大发展、大繁荣的强大推动力，并将在不远的将来打造出一个城市生态文明综合配套改革试验区。

上述五点将转化为海口城市发展最独特的竞争优势。这是我所要说的第一个问题。

第二个问题，当前和今后一段时期，海口正处于城市发展的加速期和转型期，同时也将迎来新一轮城市发展周期和掀起第二次土地开发浪潮。特别是东环铁路的开工、航天发射基地的落户、洋浦保税港区的设立等，对海口既是挑战，更是机遇。个人认为，在这样的背景下，海口未来城市发展的战略重点，概括起来叫"一二三四"，也就是抓好一个定位，突出两个支撑，加快三个转型，确保四个优先。

抓好一个定位，就是紧紧围绕市委市政府确定"阳光海口、娱乐之都、品位之城"战略定位，把海口建成"最精、最美、最宜居"的省会城市，真正成为南海上的璀璨明珠。

突出两个支撑，一个是加快发展临空经济区。临空经济是继总部经济之后城市发展又一个新的增长极。海口要依托美兰国际机场打造以国际旅游岛为核心的临空经济走廊,大力发展现代服务业和休闲娱乐业;另一个是加快发展临港经济区。依托秀英港、老城港和马村港等优质港口资源发展临港工业,特别是加快西海岸新区的开发建设,以主体功能区为核心形成布局合理、生态良好、港区联动、以港兴市的新海口。

加快三个转型,一是从"生产型"城市向"宜居型"城市转型,二是从"滨海型"城市向"海湾型"城市转型,三是从"海口城市带"向"区域一体化"转型。这三个转型预示着海口城市发展的战略走向从重点发展开始转向优化发展。

确保四个优先,一是规划优先。最好的城市是先规划后发展的城市。要更加注重规划引导发展,更加注重土地的成片开发和综合利用,更加注重"保护性开发"和"保护性改造",更加注重控制资源环境的过度破坏和"摊大饼"式的城市扩张,更加注重经济社会发展规划、空间规划和土地利用规划"三规合一";二是基础设施优先。要打造融资平台,把资金用在城市基础设施建设上,要集中地方财力,把功夫下在城市公共服务设施配套上;三是生态环境保护优先。要通过优先立法、优先规划、优先决策、优先环评、优先考核等措施,使"环境换取增长"变成"环境优化增长";四是文化发展优先。特别是通过发展文化创意产业和公共文化服务，挖掘文化特色，优化城市功能，提升城市品位，提高生活品质。

（2007 年 12 月 16 日在海口土地开发论坛暨政府土地储备项目推介会上的主题演讲）

海南国际旅游岛需要打好的
"四张牌"

从综合竞争力考察一个城市的价值，是一件十分有趣也十分复杂的事情。因为综合竞争力这个概念，会让我们想到定性、定位、定量、定策的分析方法，想到涉及城市方方面面的一整套指标体系及其数据模型。当然，这些方法对研究城市价值是有意义的，也是必要的。

但是，如何把一个十分复杂的事情变得简单，变得具有可操作性，还需要我们进一步深入研究和探讨。如果换一种思维来观察城市竞争力，我们发现，"力"是一种"力量"，"竞争"是一种"优势"。综合起来讲，竞争力就是一种"优势的力量"。一个城市有没有竞争力，关键看这个城市有没有"优势"。从这个意义上讲，竞争是优势的选择。而真正的优势，不是选择对手，而是选择合作伙伴。合作才能使优势最大化，进而实现竞争力的最大化和城市价值的最大化。

今天，我们讨论澄迈的城市价值，必须在合作的框架下去认识。为什么这样说呢？主要基于三个背景，或者说是三大优势所决定：一是大战略的背景和优势。这种大战略，就是海南国际旅游岛建设发展上升为国家战略，这为提升海南包括澄迈在内的城市价值提供了难得的发展机遇，标志着海南的城市发展进入一个新的增长周期；二是大区位的背景和优势。这种大区位，就是海南国际旅游岛是一个整体，是一项系统工程，是"全岛一个大城市"的战略布局。这个整体要求功能布局、区域开发、价值提升必须是整体的。离开了整体，就失去价值，至少会降低价值；三是大政策的背景和优势。这种大政策，就是国家的重大战略部署，是中央在政策、资金、项目安排上的特殊扶持。用好、用足这些政策才能真正转化成竞争的优势。

必须强调，合作是城市共同的主题，也是澄迈发展的主题。无论是投资者、旅游者还是居住者，无论是政府还是企业家，都要有合作的理念、合作的姿态、合作的精神。特别是政府，如何创造平等、宽松、诚信、和谐的合作环境，这关系到城市的价值，也关系到城市的未来。

　　从城市综合竞争力看海南，我提出四个建议，供大家参考。

　　第一，抓住一条主线，打好国际牌。建设海南国际旅游岛，打造有国际竞争力的旅游胜地，打造具有海南特色、达到国际先进水平的旅游产业体系，打造国际经济合作和文化交流的重要平台，这些在《国务院关于推进海南国际旅游岛建设发展的若干意见》中的重要表述，透露出的最重要的关键词就是"国际"这两个字。这个"国际"，是全方位的国际化，是国际标准、国际先进水平、国际旅游集散中心，是世界一流的海南休闲度假旅游目的地和面向世界的重要国际交往平台。打好这张国际牌，关键在于开放。开放就是在全球范围内整合和配置资源要素。一句话，国际旅游岛，就是国际的旅游岛。与旅游相关的一切资源要素，都必须是国际的。

　　第二，突出一个重点，打好旅游牌。旅游是一个产业，是一个体系。这个产业涉及吃、住、行、游、购、娱，这个体系要求纵向发展产业链，横向发展产业群。既有"链"，又有"群"，才能够"产业化"。旅游产业是高端的现代服务业，这个"高端"的核心是"高端购买力"。因此，以"高端购买力"为目标建立"国际购物中心"，是推动海南服务业转型升级的重要标志，这种转型升级，关键是要在特色资源和特殊政策上下功夫。

　　第三，破解一个难题，打好生态牌。海南国际旅游岛建设发展的真正价值是什么?这是一个需要我们进一步探讨的课题。城市的最高价值是为人服务。人的最高价值是生命健康和生活品质。那么,一个人的生命健康和生活品质由什么来决定,这似乎是一个十分复杂的问题。事实上,人的健康取决于三大要素:第一个要素是热量;第二个要素是营养平衡;第三个要素是空气和水。科学研究表明,空气和水是健康的关键。进而我们会发现,一个城市的生活品质实际上是由空气和水决定的。什么样的空气和什么样的水,决定着一个城市具有什么样品质的生活。清新的空气和清洁的水,从本质上讲是一个城市的生态问题。生态环境是海南的生命线。这是一个非常重大的问题,也是一个难题。海南国际旅游岛的建设发展必然涉及开发问题,也会涉及环境污染、生态破坏的问题。在国务院的意见中,第一条是总体要求,第二条就是加强生态环境建设,可见其意义之重大。如何认识和处理开发与保护的关系,如何在保护的前提下开发,如何把生态环境放在海南国际旅游岛建设发展更加突出的地位,这关系着海南的未来。

第四,提升一个品牌,打好服务牌。应当承认,海南总体上讲还是一个欠开放、欠开发、欠发达地区。在服务上也是如此。旅游市场秩序还不规范,旅游公共服务体系还不健全,旅游环境还不够好,旅游形象还有待提升,旅游服务意识、服务质量、服务水平与国内外游客多层次、多样性、多元化的需求还有相当的差距。另一方面也说明，旅游服务空间和潜力也十分巨大。打好服务牌，是建设海南国际旅游岛的前提，也是内涵。一个城市的核心竞争力关键是软环境，核心是软功能，根本是软实力。这几个"软"字，本质上就是"服务"。有了好的旅游服务，才有条件谈与旅游相关的现代服务业，进而促进服务业转型升级。这一点非常重要。

打好国际牌、旅游牌、生态牌和服务牌，是海南国际旅游岛建设发展的大事，也是海南国际旅游岛建设发展的第一步。我的判断是，海南的发展起步难、发展快、潜力大。正如迟院长所说："海南的资源优势还远远没有发挥出来"。把海南建设发展为中国的"开放之岛、绿色之岛、文明之岛、和谐之岛"，任重而道远，我们共同期待。

（2010 年 6 月 17 日在"2010 海南澄迈第三届房地产高峰论坛"上的主题演讲）

城市化的新方向与
城市综合体的新优势

从城市体系看城市化的战略重点

　　2012 年是中国城市发展进程中的重要分水岭，这个分水
岭的标志就是城市化率超过 50%，确切地说是 51.27%，城市
人口首次超过农村人口。城市人口的快速增长，带来了交通、
资源、能源、环境、基础设施、公共服务等方方面面的变化，
这些变化将改变城市的产业结构、投资结构、消费结构、文
化结构和社会结构。这些结构的变化，又会引发新的能源革命、
新的产业革命和新的生活方式革命。这三大革命必将成为未
来城市发展新的增长点。基于这样一个判断，未来 10 年，将

是中国城市发展的关键时期，也是城市基础设施建设的关键时期。这两个关键表明，中国城市发展已经进入加速发展期。

如果按照前 10 年城市化率平均增长速度来计算，未来 10 年，中国城市化至少还有 10—15 个百分点的提升空间。预计到 2030 年，中国城市人口将增加到 9.1 亿，流动人口超过 3 亿。在这样的态势下，大城市化和大城市圈的推动作用逐步强化，流动人口正成为中国城市化加速发展的主要动力，未来 10 年快速城市化进程，将释放巨大的基础设施建设能力。

按照世界城市发展规律，当城市化率超过 50% 的时候，会出现一个逆城市化现象。现在中国城市化率超过了 50%，但我们丝毫没有看到"逆"的现象，这说明什么呢？我个人的判断，至少说明两个问题：第一，说明我们的城市化率是有水分的，也就是说我们的城市化水平还远远滞后于城市化率，也就是说我们的城市化水平没有达到应有的程度；第二，城市人口应该转移但是没有转移出去，因为它没有转移的地方。什么人应该转移呢？实际上是高层次的、高端的、高收入人群开始向郊区和农村转移，但是我们没有转移出去，说明我们在前面这 10 年甚至 30 年内，城乡统筹没有找到突破口，这个突破口就是我们的小城镇建设。小城镇缺乏应有的功能。这两点说明，在未来的发展过程中，第一，由于我们的城市化水平还低，因此城市化发展的速度还会进一步加强；第二，由于城乡统筹将成为未来的着力点，它的突破口在小城镇。小城镇将会成为未来基础设施建设和城市功能进一步加强的一个最重要的突破口。我们研究大城市的城市综合体，未来30年，城镇的综合体能力也将会大量的显现。

尽管中国的人口城市化已经突破50%，但基础设施的城市化才刚刚开始。从城市体系看，我把中国的城市体系分成四个层级：第一级，以北京、上海、广州为核心的三大都市圈的基础设施需要与国际化接轨；第二级，以30个省会城市为核心的大城市圈的基础设施需要与现代化接轨；第三级，以300个左右地级城市为核心的中等城市圈的基础设施需要与城市化接轨；第四级，以3000个左右县（或者重点镇）为核心的小城市基础设施建设还远远没有开始。也就是说，中国城市基础设施建设远未完成，仍有巨大的提升和发展空间。未来5—10年中国城市化的战略重点在二线和三线城市。

从投融资模式看城市基础设施开发的难点

第一个方面，加快城市化进程，必须是基础设施建设先行。从实践看，基础设施建设的投资强度、融资难度与可利用资源的不确定性，或者说，究竟有多少城市资源可用来偿还投资负债，如何确定负债的极限，成为困扰政府的难题。对一个城市而言，可利用资源的发掘及其对容量的判断，如何寻找新资源和无形资源，如何盘活老资源，如何通过竞争定价实现资源置换最大化，对基础设施投资至关重要。当然，创新融资平台，拓宽融资渠道，选择融资模式，完善融资体系，也是不能忽视的。基础设施建设越来越倾向于向有实力的城市运营商倾斜。

第二个方面，城市基础设施建设将进入高成本时代。我个人的判断，起码有 10 种成本，比如土地成本、拆迁成本、劳动力成本、能源资源成本、环保成本、融资成本、人民币升值或贬值双重成本、税赋成本、安全成本、交易成本，这10 种成本成为影响基础设施建设的重要因素。

综合上面两个方面我们来判断，由于工业化、信息化、城镇化、市场化、国际化 5 种力量推动城市基础设施开发进入高成本时代。

从城市综合体的新优势看城市发展的亮点

第一，城市综合体是城市高端商业地产的创新模式。这里，一要强调高端，二要强调创新。首先，这里的高端实际上代表着城市发展的方向，代表着城市发展的灵魂，代表着城市发展的人性，所以方向、灵魂、人性的东西是高端中最核心的东西。其次，我要强调创新，有人把城市综合体概括为商业地产的主流模式，我把它概括为创新模式，我认为城市综合体对地产商来说，它是核心资源、核心技术、核心人才、核心的全球商业网络，四个核心的综合体，完全是一个创新的产物。

第二，城市综合体是城市综合竞争优势的重要标志。这种竞争力表现在：一是它有贡献率。城市综合体不像一般的房地产，它对这个城市的 GDP，对城市的财政、居民收入、消费结构，对拉动整个城市经济社会的发展是有贡献的。二是有竞争力。因为它代表了同行业最先进的竞争方向，它是朝阳产业。

第三，城市综合体是城市价值的集中体现。这里的城市价值是指：功能价值、经济价值、文化价值和环境价值。城市综合体是城市形态、城市业态、城市文态、城市生态"四位一体"的功能集成，是现代城市建设的标志性品牌。

从大合肥城市发展新机遇看城市综合体新的增长点

第一，"泛长三角"意味着机会。未来数十年，合肥作为"泛长三角"地区经济的重要节点城市，随着经济结构调整引发的规模资本转移和产业重组，经济格局和城市格局将重新洗牌，洗牌就意味着机会。

第二，从滨湖时代走向环湖时代，意味着产业重构和空间重塑，从风扇结构到多中心组团结构，给城市综合体的落地预留了发展空间。区域性服务中心功能和城市副中心城市功能叠加，为城市综合体业态创新提供了充分条件。

第三，合肥将来是一个"绿城"、"水城"、"智城"，这种功能定位成为大合肥城市发展的三大特色。"智城"，不光是科技大学带来的科技城，而是以科技城为基础加上智慧城市的组合，抢占中国城市发展的制高点。

城市综合体是现在城市的城中之城。城市综合体是继总部经济、楼宇经济之后，新的城市经济增长点。

从国家宏观政策走势看房地产市场的落脚点

2012 年"两会"期间，国家制定的经济政策是保稳定、控通胀、调结构、稳增长。5 月份，温家宝总理在武汉调研，马上把经济工作重心转向了稳增长，稳增长从第四位提到了第一位。到了 7 月份 7、8、9 日，温家宝总理连续召开三场经济形势分析会，会议的核心观点是，稳增长不仅是当务之急，而且是一项长期的艰巨任务，当前重要的是促进投资的合理增长。8 日，温家宝总理又讲一段话，扩大内需特别是消费需求是中国经济长期平稳较快发展的根本立足点。当前，稳定投资是扩内需、稳增长的关键。在这段话里，关键问题，根本立足点的问题是投资的合理增长。稳定投资增长的空间到底在哪里？温家宝总理没有讲。《南方日报》7 月 9 日、7 月 11 日分别用《稳定投资是扩内需稳增长的关键》和《当前重要的是促进投资合理增长》两个标题对温家宝总理的调研活动作了解读。

8 月 1 日，中美房地产专家接受《环球时报》专访时说，"房地产行业在过去 10 年为中国经济增长做了重要贡献"，"房地产行业今后在中国肯定还将发挥重要作用"。

众所周知，5 月份温家宝总理在武汉调研，讲到稳增长、促进投资的时候，楼市出现了"异动"，房价回升，引起了中共中央政治局的关注。7月31日，中共中央政治局召开了上半年经济分析会，会议要求要坚定不移地贯彻执行房地产市场调控政策，坚决抑制投机投资性需求，切实防止房价反弹。这是自6月份以来，中央第11次释放楼市调控不动摇的信号。7月23日，《人民日报》发表评论，题为"楼市调控是政治问题，不能功亏一篑"。文章指出，眼下，不少地方交易回暖，房价出现回涨苗头，调控仍处关键时期，调控任务依然艰巨。坚持调控楼市，坚持稳定房价是经济问题、民生问题，更是政治问题，有不得半点动摇。

更严厉的调控呼之欲出。7月9日，住建部紧急出台了一道命令。如果地方政策过于松动、房价反弹风险增加，有可能出台更严厉的调控措施。对于落实调控政策不利，没有完成调控既定目标的地方，有关部门将进行约谈甚至问责。

7月24日、30日，新华社、《人民日报》分别发表题为《楼市若有异动调控势必升级》和《房价反弹风险如果增加，更严厉调控措施可能出台》评论文章强调，如果房价大幅反弹，房地产调控必将进一步从严。

胡锦涛总书记在7·23重要讲话里讲到党和国家未来发展的判断，他用了三个"前所未有"，今天我也用这三个前所未有表明我对房地产的判断：前所未有的机遇，前所未有的挑战，前所未有的风险。

（2012 年 8 月 16 日在安徽合肥"2012 年全球视角下中国城市综合体发展之路论坛"上的主题演讲）

香城建设的世界意义和历史价值

世界意义——城市的本质

从世界意义看城市发展，核心的问题是把握和揭示城市发展的本质。这个本质就是先进的发展理念、科学的发展思路、明确的发展定位和创新的发展模式。如果用一个问题来概括，那就是什么样的城市是最好的城市？

判断一个城市好还是不好，不是看这个城市的规模有多大，人口有多少，不是看这个城市有多少高楼大厦，也不是看这个城市生产出多少 GDP，而是看这个城市的功能，看这个城市老百姓的生活质量。

简单地讲，就是看这个城市是不是宜居、宜业、宜学、宜商和宜游。也就是说，这个城市是不是适宜更多的人居住，是不是适宜更多的人就业，是不是适宜更多的人成长，是不是适宜更多的人投资创业，是不是适宜更多的人游憩和休闲。

凡是符合这五个"宜"的城市，应该算作好城市；凡是不符合这五个"宜"的城市，当然不应该算好城市。这个"五宜"标准应该成为衡量和检验城市建设和发展的重要标准。从这个角度讲，这个标准具有世界意义。这也是我所理解的香城建设的世界意义。

历史价值——城市的灵魂

亚里士多德说："人们来到城市是为了生活，人们居住在城市是为了生活得更好！"这位古希腊的哲学家对城市的解读，就是生活或更好的生活。

每个人都渴望好的生活或更好的生活，这就是城市的灵魂。这也是亚里士多德对城市所贡献的历史价值。

什么是好的生活或更好的生活，这是一个十分复杂的话题。用简单的话说，那就是两个字：幸福。那么，怎么才能让城市生活更幸福？应当说，衡量幸福的因素很多，比如收入与财富、工作与就业、住房、教育、健康、环境、安全、公民参与和社会治理、生活满意度，等等，这些都很重要。

对城市发展而言，更重要的是，让更好的政策推动更好的生活。这个更好的政策，对今天的城市就是社会公平。通过制定公平的政策，让穷人与富人、城里人与乡下人、当官的与老百姓、强势群体与弱势群体"平等获得发展机会，并逐步建立以权利公平、机会公平、规则公平、分配公平为主要内容的社会公平保障体系，不断消除人民参与经济发展、分享经济发展成果方面的障碍"（胡锦涛，2010 年）。

人们常说，"幸福与财富无关,但幸福与邻居的财富有关"，就是渴望社会公平的一种现实反映。这是城市价值的重要导向，也是政府的重大责任。

发展坐标——我的四点建议

1. 发挥一个优势，打好开放牌

咸宁具有独特的区位优势，被喻为湘鄂赣的"中三角"。"中三角"是咸宁发展的一个先机，也是咸宁发展的一个支点。

这个先机、支点背后蕴含着三大战略：一是以武汉城市圈"两型社会"综合配套改革试验区为标志的中部崛起战略；二是以长江中游城市集群为标志的中等城市崛起战略；三是以幕阜山集中连片扶贫开发为标志的中产阶层崛起战略。在这三个崛起战略中，咸宁这个"中三角"将在多重机遇叠加发展中发挥支撑、引领和示范作用。

把区位优势转化为竞争优势，关键取决于开放。开放是一种合作，开放是一种共赢，开放是一种整合，开放是一种战略。开放就是在更大范围、更高层次、更广领域内整合和配置资源要素，建立跨区域、跨行业的全球化资源要素配置机制，打造亲商、利商、暖商、敬商、懂商的开放环境，进而实现竞争优势最大化和城市价值最大化。咸宁的优势在于开放，咸宁的发展要靠开放。打好开放牌，是咸宁抢占发展机遇、培育战略支点的重中之重。

2. 完善一个规划，打好社会牌

对城市来讲，规划是第一动力，规划引导发展，先规划后建设，这些理念早已深入人心。从咸宁城市规划来讲，大的方面有"中国香城战略规划"，小的方面有《咸宁市温泉旅游生态新城总体规划》，这些都很好。我强调的是在这些规划基础上，应当更加注重社会发展规划、社会建设规划、社会管理规划，应当把社会发展、社会建设、社会管理规划放在经济社会发展更加突出的位置。

转变经济发展方式，关键是调整结构。但是，这种调整，不能仅仅局限于经济结构调整，更重要的是注重社会结构的调整。社会结构调整了，消费结构才能合理；消费结构合理了，产业结构才能优化；产业结构优化了，经济发展方式才能真正转变。咸宁在这方面有基础、有条件、有理由走在全省乃至全国前面，特别是在社会结构调整、社会体制改革、社会管理创新、社会发展规划方面应该创造经验和示范引领。

3. 做大一个产业，打好文化牌

咸宁有两大特色资源，一是"中国桂花之乡"，二是"世界温泉之都"。把特色资源变成特色产业，必须在文化上做文章。以文化为主题，以生态为主线，构建休闲文化、绿色文化、生态文化为主体的"香产业"体系。

荷兰的阿姆斯特丹具有世界最大的鲜花产业。支撑这个产业的有一个 200 个足球场大的鲜花市场（而且是室内的），有包括交易平台、进出口平台、物流服务平台、旅游平台在内的四大产业平台，有 7 个花卉拍卖市场，还有一年一度的国际花卉及观赏植物博览会，每年有全球 50 个国家和地区超过 6 万家贸易商参会，贸易量占全球 60% 以上，平均每天销售鲜花 1900 万枝。这个被称为"欧洲的花园"的"花产业"的背后，已变成一种"花文化"。

再讲一个国内的例子。成都锦江区有个三圣乡，因地制宜把五个乡村打造成花香农居、幸福梅林、江家菜地、东篱菊园、荷塘月色"五朵金花"。把花卉种植、观光农业、乡村旅游和文化创意结合起来，以文化提升产业，以旅游致富农民，以产业支撑农业，以品牌塑造形象，走出了一条专业化、规模化、品牌化的城乡一体化发展新路。

这两个例子，会给我们发展"香产业"、打好文化牌很多启示。

4. 提升一个品牌，打好旅游牌

旅游是一个现代服务业体系。这个体系至少涉及吃、住、行、游、购、娱、安（全）、信（息）八大链条。这个链条中最关键的就是服务。没有好的服务，现代服务业就无从谈起。

应当承认，我们的服务意识、服务质量、服务水平与国内外游客多层次、多样性、多元化的需求还有一定差距。当然，从另外一个方面也说明，旅游服务空间和潜力还十分巨大。

打好旅游牌，是提升城市品牌的前提。城市品牌的背后是城市品质和城市品位。这个品质、品位的关键是软环境，核心是软功能，根本是软实力。这几个"软"字，本质上就是"服务"。这一点对咸宁的发展至关重要。

咸宁的发展正站在新的起点上，咸宁的腾飞正迎来新的发展机遇。打好开放牌、社会牌、文化牌、旅游牌，是咸宁跨越发展的关键一步。

玫瑰香、茉莉香，比不上江南的桂花香；人间美、天堂美，比不上咸宁的山水美。我们共同期待，咸宁的明天，不仅是一座山城、泉城、绿城、香城，更会成为一座"幸福之城"。

（2012 年 9 月 23 日在湖北咸宁"中国香城论坛"上的主题演讲）

人文北京与奥林匹克社区精神

在距北京奥运会开幕 400 天的特殊日子，奥运村地区正式启动奥林匹克社区创建工作，奥运村讲坛正式开讲，这标志着中国城市论坛奥运大讲堂走进奥运村。这项工作意义十分重大。它不仅是践行"绿色奥运、科技奥运、人文奥运"三大理念的重要载体，更重要的，它的创建对奥运村未来可持续发展具有划时代的里程碑意义。

那么，为什么奥运村地区要创建奥林匹克社区？奥林匹克社区究竟需要什么样的人文环境？奥林匹克社区应该倡导什么样的人文精神？围绕这些问题，我谈三点体会。

第一，奥运村是北京奥运会的历史见证和奥运城市文化遗产。从世界选择中国开始，世界就选择了奥运村。有句广告语说得好，伟大事件诞生伟大的生活方式。在这里，我要说，伟大的人民造就伟大的事件。在这片18.8平方公里的土地上，假如没有几千户洼里乡农民的搬迁，没有几百家企业拆迁，没有几万名奥运村居民对奥运的理解、支持、参与和奉献，就没有今天的奥运村，也不会有明天的"高水平、有特色"的奥运会。因此，一个伟大的事件总是和伟大的人民联系在一起。奥林匹克社区的创建就是要把这个历史性的、世界性的伟大事件扎根于人民的生活中，让人民群众在奉献的同时也共享这个伟大事件带来的成果。通过奥林匹克社区的创建，不断丰富奥运村这一奥运文化品牌的内涵，使奥运村成为后奥运时代不朽的奥运城市文化遗产。奥运让城市更美好，城市让生活更美好。美好的城市、美好的生活需要我们自己去不断创造，这就是我们为什么要创建奥林匹克社区的最根本的动力。

第二，奥林匹克社区需要什么样的人文环境？简单地讲，叫"一二三四五"，即一项新规划，二元新建筑，三重新生态，四维新景观，五色新奥运。从农村城市化跨入区域国际化，奥运村的变化是翻天覆地的。从空中鸟瞰奥运村，景在城中，城在绿中，绿在人中，人在笑中。一项新规划开启了一个新时代。一个新规划延伸了老北京的历史文脉，也展现了新北京的现代风采。二元新建筑打破了"红线内国际化，红线外脏乱差"的尴尬，通过环境建设使红线内外整体协调，建筑外观规范清洁，独具特色的建筑和错落有致的生活空间不仅成为奥运中心区的标志性形象，也成为奥运村最为恒久的风景。三重新生态所体现的绿肺、绿轴、绿洲是绿色奥运的现实写照。街心绿地所展示的自然和生态赋予了生活一份宁静而不张扬、活力而不浮躁的气质。北辰东西路、大屯路、安翔北路、惠忠路、安定路、白庙村路、运动员村路等林荫大道仿佛绘出一幅"城市·自然"的怡人画卷。徜徉在林荫大道上，仿佛远离尘嚣，返璞归真。占地 680 公顷的奥林匹克森林公园和占地 45 公顷的中华民族园构成奥运功能区两片绿洲。驻足森林绿洲，可以享受无限自然所赐予人的自由、清新和愉悦。顺畅便捷的市政交通、规范统一的城市家具、整洁净化的建筑空间、品位高雅的环境艺术成为吸引世界目光的四维新景观。五色新奥运不仅给我们展示五彩缤纷的节日晚装、华灯如昼的道路照明、熠熠生辉的桥梁夜景、亦真亦幻的艺术景观，而且更重要的，它将以一个环境更加优美、秩序更加优良、管理更加优化、服务更加优质、文化更加优秀的社区环境迎接五洲宾客，将奥运村的崭新风貌展现在世界舞台上。

第三，奥林匹克社区应该倡导什么样的人文精神？从大的层面讲，奥林匹克精神的核心是倡导一种积极向上的生活哲学，推崇一种文化的影响力。奥运会的生命力在于广泛的大众参与，在于奥林匹克精神更加广泛的普及。北京奥运会提出的人文奥运表达了当代中国的人文关怀。它的精神实质是促进人的身心健康，创造新的人居环境，尊重和弘扬人的个性和尊严，重视和保障人的权利，满足人的多层次多样化物质文化生活需求，为人的全面发展服务。一句话就是以人为本。我们创建奥林匹克社区正是对奥林匹克精神的拓展与弘扬，我们提出的奥林匹克社区所蕴含的社区形象、志愿服务、社会管理、关爱行动、市民教育的内涵，和奥林匹克主义所倡导的"使体育运动为人的和谐发展服务"的宗旨是一脉相承的。什么是社区形象？就是社区传统元素经过现代包装而焕发出具有文化内涵和生活品质的价值空间。这个价值空间，不仅仅是一栋栋高楼大厦，更是一个个多姿多彩的艺术集合；不仅仅是居住空间，更是一种高品质的生活方式；不仅仅适应地域文化，更多的是超越地域融入世界。什么是社区服务？就是一切从居民的需求出发，围绕居民最现实、最关心、最直接的利益想问题、抓落实、找规律。什么是社会管理？就是政府、企业、社会共同构筑社区文明行为模式，并通过社区展示这个城市居民生活的稳定、发展的多元性、机会的均等，包括平等、公开、非歧视的主人翁姿态，以及居民所张扬出的一种对社区的热爱、一种社会责任感、心理归属感、公共活动参与感和生活的幸福感。什么是关爱行动？就是关注、关心和关爱弱势的人、困难的人和需要帮助的人。让他们的身心和我们一样健康，让他们的生活方式和我们一样文明、祥和、积极向上。什么是市民教育？就是让每一个人的形象所包括的思想素质、道德水准、文明程度成为城市最好的名片。真正的奥林匹克社区是内在的、充实的、健康的、开放的。站在人的高度，高举奥林匹克的旗帜，让社区注入奥林匹克的思想和精神，进而改造我们的生活乃至整个城市的景观和文化，传播历史和沟通未来。我们所创造的奥林匹克社区，关注的不仅是社区本身，而是自己在这个时代的地位和作用。超越本位和利益的局限，成为社区文明的创造者和先进文化的传播者，进而成为城市文明进程的推动者，这才是奥林匹克社区的真正价值。

人文奥运是人民的奥运、百姓的奥运、生活的奥运。奥林匹克社区的创建是一个持续改进的系统工程。它不仅是目标，更重要的是过程；不仅是品牌，更重要的是参与；不仅是政府的责任，更重要的是社会的、公众的、我们每一个人的责任。正如《人文奥运朝阳宣言》所倡导的，"让我们从我做起，从现在做起，用我们的风采拥抱奥运，用我们的激情体验奥运，用我们的奉献诠释奥运，用我们的创造分享奥运"。让我们把智慧和力量更多地汇集到奥林匹克社区创建的行动中来吧。因为，奥林匹克社区的明天就是我们的未来！

（2007 年 7 月 4 日在北京奥运村地区创建奥林匹克社区启动仪式上的主题演讲）

健康城市与品质生活

  很高兴再次来到重庆，来到万盛。虽然我只是第二次来万盛，但万盛却给我留下了深刻的印象。第一个印象是万盛的山。古老的石林、天然的峡谷、原生态的森林、清新的空气和水，这种古老之美、自然之美、生态之美、清新之美，令人心旷神怡；第二个印象就是万盛的人。特别是这次参加"中国（重庆）羽毛球文化节"，倍感振奋。"全国羽毛球之乡"美誉背后所展现出的万盛人的青春之美、朝气之美、活力之美、健康之美，深深地感染着我。

"五个重庆"战略是城市从外延式扩张向内涵式发展的一场重大变革

从两个 30 年看中国的发展变化，我们发现，前 30 年中国的变化主要是发展方向的转变，即从计划经济向市场经济的全面转型；未来 30 年，中国的变化将是发展方式的转变。城市化将成为转变发展方式最基本的推动力量。城市化加速了现代化新型城市的崛起和繁荣。那么，什么样的城市才是最好的城市？我们如何去判断？我的观点是，判断一个城市的关键不是看这个城市规模有多大，高楼大厦建得有多高，GDP 增长有多快，而是看这个城市是否具有先进的发展理念、科学的发展思路、明确的发展定位和创新的发展模式。什么是先进的发展理念？一句话，就是民生为本。不断地提高人的生活品质，增加人的生活福利，促进人的自由和全面发展，实现社会的和谐进步，这才是现代城市的最高价值。重庆市委、市政府提出"宜居重庆、畅通重庆、森林重庆、平安重庆、健康重庆"的"五个重庆"建设，是城市从外延式扩张向内涵式发展的一场变革，是"包容性增长"的实践者和推动者。这种变革和实践就是把改善民生的过程作为发展经济的过程，把投资拉动转变为内需拉动。这种内涵式、包容性体现了新城市主义的人文精神，体现了新的民生观和人民的幸福观，体现了更加重视人的尊严、社会公正、和谐均衡的发展理念。它对于推动中国城市化的和谐发展必将具有引领和示范意义。

健康城市的核心是人的品质生活

什么是品质生活？我个人的理解，就是有文化、有品位、高素质的生活方式。这种生活方式可以使人的潜能不断发展，人的创造自由释放，人的个性充分张扬，人的关系高度和谐，可以最大限度地享受一个城市所缔造的民主、民生、公正、包容和可持续发展的美好生活。发展方式决定生活品质，政府服务影响生活品质，文明程度提升生活品质。生活品质的最高价值是人的生命健康。从人类生命进化史看，决定人的生命健康的关键性因素有三大标志：第一个标志是热量。在不发达时代、不发达地区，人必须靠摄取大量热量维持人的生命健康；第二个标志是营养平衡，这是发展中国家生命健康的重要标志；第三个标志是空气和水。能否呼吸到清新的空气和喝到清洁的水，是衡量发展中国家与发达国家的重要分界线。清新的空气和清洁的水是决定一个城市是否宜居和健康的重要标志。进而我们发现，一个城市的生活品质实际上是由空气和水决定的。什么样的空气和什么样的水，决定着一个城市具有什么样的品质。而要保证空气和水的天然和生态，就必须转变发展方式。从这一点上，我们看到了万盛作为国家级资源型城市转型的典型意义，也看到了万盛作为旅游经济试验区的美好未来。

万盛的机遇和前景

未来 5 年，将是万盛区经济社会发展的重要机遇期和战略转型期。在这一时期，万盛区最重要的就是"抓好四件事，打好四张牌"。

一是抓好一条主线，打好转型牌。万盛区是"抗战煤都"，煤炭、石灰石、白云石等矿产资源种类多、储量大、品位高，是西南地区重要的冶金煤基地和重庆市重要的能源基地。另一方面，万盛区也是国务院确定的 44 个全国资源枯竭城市中唯一的一个城区。万盛经济发展长期对煤炭资源的高度依赖，使资源型城市的矛盾日益凸现。如何培育接续替代产业，"从地下走向地上，从黑色走向绿色"，将万盛建设成为西部地区资源型城市转型示范区、西南地区煤电化产业重要集聚区、渝黔区域合作先导区和重庆市生态旅游休闲度假区，从而实现资源型城市的全面转型，是万盛未来必须面对并且必须解决好的首要课题。

二是突出一个重点，打好旅游牌。万盛区地处四川盆地向云贵高原过渡地带，拥有得天独厚的生态旅游资源。中国最古老的石林和最美的养生峡谷，以及黑山国家地质公园和国家森林公园等一批特色生态旅游景观，为万盛经济发展方式转变提供了良好的条件和基础。必须强调的是，万盛的旅游发展总体上还处于欠开放、欠开发、欠发达阶段。旅游作为一个产业，是一个体系。这个产业涉及吃、住、行、游、购、娱、安、信，这个体系要求纵向发展产业链，横向发展产业群。既有"链"，又有"群"，才能够"产业化"。旅游产业是推动万盛旅游服务业转型升级的重要标志，关键要在特色资源和服务环境上下功夫。

三是破解一个难题，打好生态牌。万盛作为能源基地，从某种意义讲，本身就是一个污染源。而旅游产业化也必然涉及新的开发建设问题，必然涉及环境污染乃至生态破坏问题。如何认识和处理开发与保护的关系，如何在保护的前提下开发，如何把生态环境放在万盛资源型城市全面转型和旅游经济建设发展更加突出的地位，这关系着万盛的未来。

四是提升一个品牌，打好文化牌。文化是一个城市的灵魂，文化也是一个城市的品质、形象和品牌。文化更是一个城市经济社会持续发展的强大动力。文化既是软实力，又是竞争力。万盛区具有金桥吹打、子如文化、红苗歌舞、矿山文化和羽毛球文化五大特色资源，特别是这次举办的"羽毛球文化节"，对丰富文化内涵、传播城市品牌、扩大对外影响力都具有突出的作用。运动是一种高品质的文化活动，是健康城市的重要标志。这种大众化、参与性、互动式，而非竞技型的运动，本质上体现出一个城市有文化、高品质的生活方式。"康体生活理念，健康城市形象"本身就是万盛的文化名片、文化品牌。

打好转型牌、旅游牌、生态牌和文化牌，是万盛资源型城市全面转型和旅游经济全面发展的一件大事。我的判断是，万盛的发展起步难、发展快、潜力大。在"中国（重庆）羽毛球文化节"的推动下，万盛的城市品质、城市形象、城市品牌一定能够得到极大的提升，万盛老百姓的幸福指数一定能大大提高，让我们共同努力，让我们共同期待。

（2010年10月17日在"羽毛球文化与健康城市论坛"上的主题演讲）

学习型城市是一种高品质的生活方式

学习型城市是以学习型社会为基础，以全民学习、终身学习为特征，以提升人的生活品质和促进人的全面发展为目标的现代城市治理模式。这种模式具有以下内涵：

一、学习型城市蕴涵着先进的发展理念和创新的发展模式。从学习到学习型，虽一字之差，但却成为推动现代城市公共治理模式转型的主导力量。这种转型从趋势看，一是从"善政"向"善治"的转型；二是从"发展型政府"向"服务型政府"的转型；三是从"大政府"向"大社会"的转型。这三种趋势揭示出学习型城市的基本内涵：治理结构、公共服务、公民社会。据此可以得出一个基本结论：学习型城市的本质是创新。

二、学习型城市是城市软实力的综合体现。软实力是一种通过吸引而非胁迫的核心竞争力。这种竞争力源于六种资源：一是文化；二是意识形态、政治价值观和政府公信力；三是制度模式和治理模式；四是对外政策；五是信息渠道和舆论；六是国民素质和形象。从软实力的来源看，学习型城市建设，旨在提升生活品质，提升公众素养，提升城市形象。在这"三个提升"的过程中，学习力是关键，创新力是核心，竞争力是根本。

三、学习型城市是一种学习化的生活方式。学习社会化、教育终身化、知识便利化、人才资本化，既是学习型社会的核心理念，也是学习型城市的重要特征。让人生活在一个学习化的社会中，自由学习、快乐学习、全面学习和终身学习，在生活中学习，在学习中生活，逐步实现学习意识普遍化、学习行为终身化、学习体系社会化和学习平台网络化，使人的潜能不断发展、人的创造自由释放、人的个性充分张扬，人的关系高度和谐，最大限度地享受一个学习型城市所缔造的开放、民主、包容、创新和可持续发展的美好生活。

（2010 年 7 月 30 日刊于《杭州日报》）

学习型城区与城市竞争力

　　编者按　2003 年 3 月 27 日，北京国际城市发展研究院院长连玉明教授应北京市朝阳区委邀请出席北京市朝阳区建设学习型城区启动仪式暨主题报告会，并做题为《学习型城区与城市核心竞争力》主题报告，区委书记李士祥做重要讲话，从此拉开北京国际城市发展研究院与朝阳区创建学习型城区全面合作序幕。4 月 9 日，朝阳区委、区政府做出《关于建设学习型城区的决定》，连玉明院长担任朝阳区建设学习型城区专家咨询委员会主任。12 月 19 日，北京国际城市发展研究院与中共朝阳区委发起举办了"中国学习论坛首届年会"，发表《学习型城市发展宣言》，连玉明主编的国内首部《学习型社会》理论专著正式出版首发。2004 年 6 月 8 日，朝阳区委与北京国际城市发展研究院签署战略合作协议，正式缔结战略伙伴关系。2007 年 12 月 29 日，朝阳区人民政府与北京国际城市发展研究院签署区院共建协议。2009 年 7 月 8 日，朝阳区委批准成立北京市朝阳区发展研究中心，与北京国际城市发展研究院实行"两块牌子，一套人马"的体制，连玉明出任首席顾问。2009 年 10 月 22 日，北京市朝阳区发展研究中心正式挂牌。

一

感谢朝阳区委、区政府提供这样一个机会，和大家一起交流、探讨创建学习型城区的一些体会。朝阳区委、区政府能够做出建设学习型城区的决定，是一件非常了不起的事情。创建学习型城区是城市发展进程中的一个重要里程碑，对北京市尤其是朝阳区来说，意义非常重大。

我们应该认识到，今天的朝阳，正处在城市加速成长期的后期。也就是说，如果把朝阳的发展过程用成长期来界定的话，那么她处于加速成长的后期。这个阶段如何加快她的发展，必须考虑两个方面的问题，一是如何提升她的能力，二是如何寻找她的动力。世界城市发展进程的规律表明，当城市化率介于30%—70%之间时，表明这个城市处在成长期。当一个城市进入加速成长期的时候，一般情况下存在的问题是能力有限、动力不足。这个时候一定要在增强能力、增加动力上下功夫。

那么，这个动力从哪里来？在很大程度上要靠建设学习型城区来获得。因为建设学习型城区的本质是提高人的综合素质，促进人的全面发展。城市发展最根本的是先进生产力的发展，而个人的全面发展是最先进的生产力。城市的发展与个人的发展是互为前提和基础的。生产力发展了，人的全面、自由、个性化的发展才有条件和基础；而人的全面发展又可以为生产力发展注入新的动力，推动城市不断创新，它是城市发展不竭的源泉。从这个意义上说，建设学习型城区的目标是追求知识发展，追求创新发展，追求人才发展，追求可持续发展，追求先进生产力发展与人的全面发展的高度统一。

二

今天的朝阳，正步入从外延式扩张向内涵式发展的关键

转型期，也是全面建设小康社会的重要战略机遇期。在优化
发展环境、深化改革开放的新形势下，拉开建设学习型城区
的序幕，有着非同一般的特殊意义。

第一，有利于提升朝阳的城市形象。看一个城市就好比
看一个人，看一个人我们会说这个人的形象比较好，那么他
的本质怎么样呢？大家也许会说，这个人自信、深刻、有思想、
有智慧、有知识、有品位。城市也是这样。虽然这个城市很富，
但更重要的是这个城市的内涵，而内涵的本质是人。有什么
样的城市就有什么样的人，有什么样的人就有什么样的城市。
一个居住着低素质人的城市，绝对不会是高品位的城市。一
个高品位的城市必然居住着高素质的人。

在对城市发展的研究中，我们把城市分成了五个层次：
一流城市经营"形"，也就是说第一流的城市经营的是品牌、
形象和文化；二流城市经营"人"，第二流的城市是以人为
本的人性化的经营；三流城市经营"市"，第三流的城市将
城市经营成一个市场，供需两旺，非常有活力；四流城市经
营"城"，就是建设高楼大厦。我们国家大部分城市属于第
四类城市；五流城市经营"官"。什么叫"官"，也就是政
府管制、行业垄断、行政审批、地区壁垒、地方保护，这些
都是以官本位为中心来经营的。创建学习型城市就是要使城

市的品位、城市经营的形态不断地从第五个层次逐步地向第一个层次迈进。

第二，有利于提升朝阳的城市价值。对城市领导、城市首脑来说，有价值的城市就是最好的城市。企业最终的目标是股东价值最大化。企业利润最大化、股东利益最大化、社会价值最大化的统一就是好企业。那么，一个好的城市就是城市价值最大化。看一个城市，什么叫好？什么叫不好？什么叫高层次？什么叫低层次？这里有三个衡量标志：

一看这个城市是不是具有强大的经济实力。这种经济实力如果用指标来衡量的话，第一看GDP总量，第二看人均GDP，第三看GDP密度，即地均GDP。也就是不仅看人均GDP有多少，也要看面积和GDP间的关系。比如在国外，看高新技术开发区，不是看高新技术开发区有多大，而是看高新技术开发区的资本密度和GDP密度有多大。即每平方公里吸引多少投资额和生产多少GDP。第四看GDP增长率，第五看GDP贡献率，即朝阳GDP总量占全国GDP的多少，或者说占到北京市GDP的多少。朝阳区应该成为北京市经济发展的火车头，但是火车头是有指标的。你的GDP是不是能够达到北京市GDP总量的15%—20%，这是火车头的一个重要标志。当然还有其他指标，但这是一个硬指标。所以城市价值的高低在很大程度上取决于你是不是具有强大的经济实力。

二看这个城市是不是具有更高的生活水准，能不能保证城市居民有更高的生活质量。党的十六大报告有一个非常精彩的结尾"共同创造我们的幸福生活和美好未来！"全面小康的终极目标是提高人民的生活质量。

三看这个城市能不能创造更多的就业机会和发展机遇。城市是为人服务的。"以人为本"就是一切活动的最终目标是为人所服务。城市最大的功能就在于为人提供更多的就业机会和更大的发展机遇。朝阳区和别的区、北京市和别的城市到底有没有差异？差异在什么地方？最终就看你的就业机会和发展机遇有多少。这个指标是可以计算出来的。比如你能够提供多少高层次的就业机会。举个例子，我们把朝阳区所有的白领数加起来，和某一个区白领数相比，哪一个数更大？数量越大，表明提供的就业层次和发展机遇就越多。再把所有白领的工资加起来，和另外一个区所有白领的工资总数相比，哪一个总量大，那么就业机会和发展机遇就多。所以，创建学习型城区更重要的是有利于实现朝阳的城市价值。

第三，有利于提升朝阳的综合竞争力。看一个城市能不能实现城市价值，主要是看这个城市有没有竞争力。一个城市有没有竞争力体现在以下的五个方面：

一是有没有实力。就是上述的五个 GDP。

二是有没有能力。比如说集聚能力，尤其人才、资本、信息等稀缺资源和要素能否聚集到朝阳。其次是扩张能力，即辐射的能力；再次，是流通能力，吸纳外部资源和输出资源怎么样；最后是增长能力。这四种能力综合起来就是城市能力。

三是有没有活力。城市不仅要有能力，还要有活力。举个例子，用职业企业家的数量来衡量。比如朝阳，看城市是不是有活力，可以看城区内职业企业家有多少。所谓职业企业家是指：一是企业家必须来自于市场，而不是来自于政府，也就是该企业家是从市场上来的，而不是政府任命的；二是职业企业家必须有一定的教育背景和知识积淀，暴发户不行，他不会给城市带来活力；三是必须有一定的经济规模，不是个体户的概念，也不是小型资本家的概念。这样的企业家才能叫职业企业家。职业企业家人数的多少直接关系到这个城市有没有活力。

再讲一个概念叫城市的居住者结构。也就是说，看一个城市，不要看城市有多少富人和穷人，而是要看这个城市有多少中产阶级。用十六大的话来说，就是中等收入阶层。如果这个城市中等收入阶层的数量是持续不断增长的话，那么这个城市一定是有活力的。如果这个城市居住者结构是两头很大、中间很小，那么这个城市一定是一个衰退的城市。

四是有没有潜力。除了城市的活力，还要有城市的潜力，有潜力才有发展的后劲。比如说城市化率、工业化率、信息化率、知识发展、城市功能、可持续发展，等等。

五是有没有魅力。城市魅力是非常重要的竞争力内容。比如城市品牌。如果给朝阳做一个定性的分析，我认为实力很强，水平较高，活力、潜力都不错，但是魅力相对差一些。朝阳品牌需要进一步的提升，品牌是最大的城市价值。举一个例子，一亩地在一般品牌状况下是 6000 元，但是如果品牌价值高，那可能会 10000 元。品牌是最大的投资吸引力，品牌是最大的投资环境。朝阳不是在优化发展环境吗？品牌是最大的投资环境。如果把品牌搞好了，那么这是最大的财富。

提升城市品牌就是要增强城市的开放度，增加城市的知名度，提升城市的美誉度，提升城市首脑的影响力。领导是最大的生产力。领导的品牌是最大的投资环境。昆山是全国最优秀的投资环境城市之一，是最大的台商集聚地。昆山的投资环境从哪里来？举两个例子。据新闻媒体说，每一位台商几乎都和市长、市委书记共进过早餐。每一位台商都有市长和市委书记的手机、办公室电话、秘书电话和家里电话号码。这就是服务。服务最重要的不是我有什么，而是你要什么。

只要你需要的，我都可以为你提供，而且随时可以为你提供。这叫大规模定制，个性化服务。也就是量体裁衣，为你提供切实的服务。最好的投资环境就是盈利环境。也许我什么都没有，也缺少优惠政策，但我们能让企业盈利，创造一个盈利环境，以实现企业利润最大化。

三

2001 年 5 月，江泽民主席在亚太经合组织人力资源能力建设高峰会上指出，"构筑终身教育体系，创建学习型社会"。党的十六大报告明确提出，"要形成全民学习、终身学习的学习型社会，促进人的全面发展"。最近中央领导在多个场合讲学习型社会的重要性。曾庆红最近指出，"我们要全面建设的小康社会是全民学习、终身学习的学习型社会，建设学习型社会很大程度上要靠学习型政党来导向、来推动"。最近，教育部公布的中国人力资源报告，也提到创建学习型社会的重要性，而且要把中国建设成世界最大的学习型社会。这些背景都说明了创建学习型社会的重要性。

从上海第一个提出创建学习型城市，到目前有 38 个城市的市委、市政府提出创建学习型城市，如南京、常州、苏州、杭州、大连等在创建学习型城市方面走在了前面。这些城市都是经济发展快、城市功能强、整体素质高的领先地区和改革开放的排头兵。它们都在为可持续发展增加动力，都把建设学习型城市作为一项基础性、战略性、创新性的系统工程来抓。

为什么要创建学习型城市，概括起来讲有三大理由：

第一，创建学习型城区是适应城市转型的需要。我们国家用了 20 年时间，从落后的、封闭的、计划的经济体制，向开放的、现代的、市场的经济体制转型。在转型过程中，如何来认识当前城市面临的历史方位，也即怎样把握中国 21 世纪头 20 年的重要战略机遇期？回答这个问题，必须基于两个判断：一是世界向何处去，二是中国向何处去。这两个基本判断，有利于更进一步认识创建学习型城区的重要性和迫切性。

对于世界向何处去，我们的判断是三个基本不变：一是和平与发展的时代主题基本不变；二是世界多极化和经济全球化的发展趋势基本不变；三是科技进步日新月异和综合国力竞争日趋激烈的世界环境基本不变。这三个基本不变得出一个结论，就是形势逼人，不进则退。

对于中国向何处去，我们的判断是三个新阶段：一是以全面建设小康社会为标志，加快社会主义现代化建设进入新阶段。二是以加入 WTO 为标志，中国的改革开放进入新阶段。如果说前 20 年，中国是以改革促开放，那么在未来的 20 年，尤其是在中国加入 WTO 后 10 年的适应期，在很大程度上是以开放促改革。三是以党的十六大为标志，党的建设、政治文明和人的全面发展将进入新的阶段。这三个新阶段意味着小康社会是市民社会，小康社会是一个学习型社会，全面小康在很大程度上要靠城市化来实现。

这个结论还意味着我们国家正在经历从计划向市场的体制转型。这种转型大概也可分为三个阶段：

第一次转型从 1978 年开始，以党的十一届三中全会为标志，以农村联产承包责任制为核心，最大限度地解放了人和人的劳动力。这是一次个人转型。

第二次转型从 1992 年开始，以邓小平南行讲话为标志，以建立现代企业制度为核心，进行企业转型。在此过程中，国有企业基本得到了改造，民营、外资、股份企业等多种所有制结构的企业大量出现。这是一次企业转型。

第三次转型从 2001 年开始，以中国加入 WTO 为标志，进入城市转型期。这一次和前两次不一样，这次转型是以政府职能转变为核心，以 WTO 为标志，以全面建设小康社会为目标，以构建新的城市治理结构为主体。在第一次转型期，只有一个声音就是政府。那时政府起主导作用，当时的社会治理结构就是政府主导。在第二次转型期，主导社会的是两种声音：一是政府，二是企业。企业和政府基本上形成一个对等的、互动的良性结构。在第三次转型期，从现在开始到今后很长时间内，将有三种力量主导社会：一是政府，二是企业，三是社会组织，即NGO：非政府组织。政府、企业和社会将形成一个良性的、互动的、全新的城市治理结构。这种结构是以工业化、城市化、信息化相互对接为主要途径，这种转型意味着中国将实现第二步战略目标，为实现现代化打下良好的基础。

第二，创建学习型城市是适应城市竞争的需要。我们处在一个竞争时代。竞争面前人人平等。竞争时代有三大定律：一是赢家通吃。谁是赢家，谁就有更多的资源，就能吸引更多的财富。二是快鱼吃慢鱼。现在已经不是大鱼吃小鱼，小鱼吃虾米的时代，而是快鱼吃慢鱼。竞争要靠速度。比如前些年上海市颁布了一个条例，从某固定时间起，1吨重的卡车不能进市内。就在条例生效的第一天，日本0.9吨的卡车运到上海。这就是快鱼吃慢鱼的案例。学习型组织有一个著名定律，即"如果学习速度小于变化速度，就等于死亡"。也就是要求学习的速度要大于或起码等于变化的速度。三是以小搏大。规模大不见得好、资源多也不见得好。中国东部、中部、西部，最穷的地方资源最多。在知识经济时代，资源多往往成为一种负担。因此，不在于规模的大小，而在于质量的高低，在于内涵的多少。学习型城区的建设，在很大程度上是加速内涵的增长，以小搏大。学习型并不是包治百病，它是一个支点，一个加速器，一个增长极。如果利用好这个支点，就能四两拨千斤。

目前，尤其是中国加入 WTO 后，中国的城市面临两个方面的挑战。

第一，WTO 和全球化加速了城市竞争，使城市的风险在不断增加。WTO 打破了原来城市的秩序。原来的城市是封闭的，它的生产要素、资源要素是不流动的，它的结构是超稳定的。但是 WTO 以及全球化的规则使生产要素、资源开始流动。这种资源的流动增加了城市结构的不稳定性。最近奥委会有关人员找我，想了解在北京的跨国公司总部向上海迁移的原因，是不是投资环境出了什么问题。我想，现在是一个竞争时代，竞争不仅与自身的能力有关，重要的和对手的能力有关，更重要的是与整个竞争的态势有关。对跨国公司来说，是全球战略，什么地方可以实现成本最小、利益最大，它就会到什么地方投资。因此，优化投资环境，不仅要注重自身建设，更重要的是研究对手。所以，WTO 使城市的风险不断增加。要使生产要素从超稳定结构转化为动态的平衡，是比较难的。不仅要关注今天会怎样，更应该关注明天会怎样。城市是否能够形成一个新的动态结构十分重要。中国的城市有个非常值得关注的动向，就是深圳正在走向衰退，深圳开始从成长型向衰退型转折，并会出现一个拐点，这个拐点就意味着原来资源要素从开始的输入到现在的输出，城市的风险不断上升。尽管她的市长、市委书记讲她是坚强的、有魅力的，但是市场是最无情的。

第二，城市在吸引稀缺资源的时候，面临的竞争者会越来越多。总体来讲，国际资本和国际社会是一个资本过剩、社会财富过剩的市场，它必然要流向一些国家，但流向谁，却是不以人们的意志为转移的。当流向中国的时候，是流向长三角、珠三角还是大北京？流向北京的时候是流向朝阳、海淀还是宣武，那就看谁最具有投资吸引力。在城市面临的竞争者越来越多，竞争越来越激烈的态势下，怎么应对，怎么优化投资环境，这是我们面对的一个大问题。

这里，我讲四点意见：一是全球化。一定要建立零距离竞争的意识。不要以为上海离北京很远，实际上对跨国公司来讲,北京、上海、广州、乌鲁木齐的距离是一样的。二是专业化。一定要进行产业分工。专业化意味着战略定位,要找到你自己的制高点。三是个性化。一定要找差异,你的特点是什么?你的差异在哪里?找出与别人不一样的地方。四是人性化。以人为本,提升你的品质。这是应对两大挑战的唯一出路。

我们再来看一看当前城市竞争的基本态势是什么?

刚才讲到,朝阳区现在正处于加速成长期的后端。就是说,城市的发展不是一年上一个台阶,它的发展模式是平台扩展。就是在量积累到一定程度,一个质的飞跃,然后再进行下一周期的平台扩展。现在朝阳区的发展是从平台扩展的加速成长期到了平台扩展的成长关键期,接近于质的飞跃。我们预测,朝阳区大概还有3—5年就会有大的质的飞跃。这时候在能力和动力方面一定要加速它成长,让它跃过去。能力和动力越强,飞跃的幅度就越大。这需要找到一个拐点。所以,这时我们要认识自己,更要认识别人,看看整个中国城市竞争的态势是什么。

我们把中国城市竞争的基本态势归纳为五个趋势:

第一个趋势,从市场竞争转向战略竞争。战略是制高点。现在不是打战役,而是攻克制高点。城市的人力、财力、精力是非常有限的,我们要先攻下"上甘岭",找到朝阳区的制高点。

北京在党代会报告中提出要构建首都经济的模式。我个人认为，首都经济这四个字，意味着三个方面的含义。一是整合中央资源。既然是首都，那就不是北京。二是整合全国资源。首都不是北京的首都，而是全国人民的首都。三是整合国际资源。不仅包括中国，也要辐射世界，而不是仅限于北京的范围。朝阳区也不例外，应该在首都经济的框架内，跳出朝阳看朝阳，去整合中央资源、全国资源、国际资源。另一方面，战略意味着学会放弃。战略不是什么都能干，战略是干你能够干的事情。战略不是你应该干什么，而是你能够干什么。没有能力干的事情，再好也要放弃。战略意味着领导者一定要有市场预见能力、战略决策能力和资源整合能力。领导应有三只眼，第一只眼是眼界，要看得宽；第二只眼是眼光，要看得远；第三只眼是眼力，要看得深、看得准。

第二个趋势，从人才竞争转向模式竞争。原来比谁的人才多，现在讲资源的整合模式。原先是比谁的资金多，现在是比谁吸引资金的机制好。机制和模式是决定一个城市竞争成败的关键因素。盈利模式、发展模式很关键。长三角城市群为什么厉害？因为他们奇迹般创造了"苏南"模式、"杭海"模式、"昆山"模式、"温州"模式。北京有模式吗？朝阳区发展的模式是什么？这个问题是需要研究的。

第三个趋势，从资源竞争转向知识竞争。原来认为资源就是竞争优势，谁垄断的资源多，谁就能在竞争中取胜。现在变了，现在强调知识的价值，强调学习力，强调创新。学习力是把知识资源转化为知识资本的能力，是把人力资源转化为人力资本的能力。学习力、创新力是唯一持久的竞争力。

第四个趋势，从权力竞争转向规制竞争。原来是谁有权、谁的权力大，谁的竞争优势就强。现在的赢家是规则的制定者。谁能制定游戏规则，谁就是赢家。举一个例子，比如房地产，为什么房地产的赢家总是那些人呢？王石、冯仑、潘石屹等，因为他们学会了制定规则。在竞争社会中，要么改变自己的坐标系，要么改变别人的坐标系。跟在别人后边跑是永远也不可能当第一名的。别人已经跑了五圈，你才刚上跑道。要当第一名，只有改变游戏规则，掉转头，你就是第一名，别人跑得越远，离你的距离就越远。

第五个趋势，从对抗性竞争转向合作性竞争。合作性竞争强调共赢，不是你死我活，你赢我输，而是双赢、多赢和共赢的模式。对长三角、珠三角、大北京城市群发展的战略来做一个比较，重新认识一下我们现在所处的历史方位。

先讲长三角城市群。

从竞争角度来讲，长三角是北京真正的对手。长三角现在已经具备国际化的竞争优势，被国际誉为第六大世界城市圈。为什么这样说呢？因为，它具有六大特点：

第一，它有强大的经济实力。长三角覆盖 15 个城市（地市级以上），土地面积只占全国土地面积的 1%，人口只占全国总人口的 6%，但是它创造了全国 GDP 的 18%。2001 年，财政收入的贡献率占到了全国的 1/4。拿其做一个标准比较的话，朝阳的 GDP 能不能占到北京 GDP 的 18%？朝阳的财政收入能不能占到北京的 1/4？具有这样的实力才能叫龙头、排头兵、火车头。

第二，有超级经济巨人群。长三角有一个超级巨人是上海。上海的 GDP 总值去年是 5,000 多个亿。还有五个大巨人：苏州、杭州、无锡、宁波、南京，它们的 GDP 每年都在 1000 个亿以上。还有五个小巨人：绍兴、南通、常州、嘉兴、镇江，它们的年 GDP 在 500 个亿以上。它们组成一个超级经济巨人群。

第三，最具有活力和潜力。根据初步统计，到 2001 年底，江浙沪的三资企业有 70000 多家，世界 500 强有 400 多家进入长三角，其中上海有 184 家跨国公司的总部和地区总部。它的合同利用外资超过 1500 多亿美元。

第四，具有持久的竞争优势。长三角之所以能够在全国领先，就是因为它能够不断创造经济发展新的模式，比如说温州模式、苏南模式、昆山模式，最近又创造了杭海模式。就是杭州和海宁在土地重组中的新型合作模式，这个模式在某种程度上值得借鉴。杭州现在要扩展自己的地盘，海宁是一个县级市，不归它管。现在用行政的方法去划拨土地是不可能了，那就用市场的办法——买地。杭州用市场的方法买了海宁 3000 亩地，我既然能买你 3000 亩，我就能买你 30000 亩，既然能买你 30000 亩，那我就有可能把整个海宁市买下来。杭海模式某种程度上来讲，将拉开中国经济版图重构的序幕，或者说，拉开城市并购的序幕。除此之外，中国经济实力最强的 35 个城市，有 10 个位于长三角，全国百强县有 50% 位于长三角。1999 年到 2000 年，两年之内江苏省消灭了 1.5 万个村庄，大大加快了城镇化，而且打破了原来的诸侯经济，现在长三角的区域一体化战略基本形成。去年 15 个城市的首脑在上海开会，制定了推进长三角一体化战略，总的精神是两句话：战略看上海，决策靠自己。像南京、宁波、苏州、杭州这样的大城市都主动和上海整合，他们的领导展示出了前所未有的战略眼光、眼界和眼力。

第五，长三角的市场体系基本形成。江浙基本形成了轻纺市场、小商品市场，上海基本形成了资本市场、资金拆借市场、期货市场、技术市场、劳动力市场、房地产市场、消费品市场。北京去年提出了现代服务业、现代制造业，但是缺少的是现代市场体系。你有现代制造业的市场体系吗？有产业分工吗？北京是政治中心、文化中心、国际交往中心，在这三个中心的框架内，可以建立现代制造业吗？这个问题需要论证。现代制造业基地放在什么地方？如果大北京的战略构想不能实现的话，现代制造业是一句空话。这是竞争中一个很重要的问题。

　　另外，推动持续竞争优势的一个重要动力就是世博会。上海的世博会和北京的奥运会将会成为推动中国经济发展的两大引擎。但是这两大引擎是有差别的。有人做了这样一个比较偏激的预测，世博会是上海的起点，奥运会是北京的终点。怎么样来研究奥运，是北京应该为奥运服务？还是奥运应该为北京服务？每一个朝阳人、每一个北京人、每一个中国人都应该思考这样的问题。奥运会应该为中国服务还是中国应该为奥运会服务？大家会说是相互的服务，但是在相互服务中应该有主导。这要看站在一个什么样的角度和立场去看这个问题。

　　第六，上海现在基本具有一流的执政水平。这是至关重要的一点。我个人认为上海和北京在执政水平上是有差异的。

上海的执政水平基本上具备两个条件，一是国际化的眼光；二是基本实现从工程师到经济师的结构转变。上海首脑的执政水平是很高的。

再讲珠三角城市群和大北京战略。

珠三角在前期发展中领先于长三角，但这几年有所落后。然而最近有两个大的动作，必须引起我们的重视。第一是大佛山城市圈的构建。佛山把顺德和南海两个县级市改成了区，大大增强了城市实力。大佛山将会成为珠三角第二大城市。第二是今年年初，董建华先生发表演说，要进行粤港澳一体化的合作。如果在珠三角的基础上，能够以佛山、深圳、广州、珠海、澳门、香港、台湾为支柱推进东南亚自由贸易区，那她的竞争力就大了。我们国家现在要做好四个自由贸易区的构架。一是中国东盟自由贸易区，它的直接受益者是广西和云南；二是东南亚自由贸易区；三是东北亚自由贸易区；四是中亚自由贸易区。自由贸易区的建立标志着一个国家最大限度地融入全球化。我们两年前就提出了大北京战略的构想，土地面积17万平方公里，人口6000多万，涉及10个城市，并以京津保、京津塘两个三角形为轴心呈伞形扩展，但直到现在还没有实质性的推进。从竞争力态势分析，长三角是主动整合型，珠三角是被动适应型，大北京是停滞对抗型。

　　我曾在一个场合为大北京的战略问题提出了五点意见：第一，建议北京市委书记兼天津市委书记。市场不行，就得用行政来推动；第二，天津机场改为国际机场。北京机场不要进行重复建设；第三，京津唐、京津保之间建立悬磁浮轨道交通；第四，开发南北京。中国是东西问题，北京是南北问题。北京一切问题的根源是由南北发展不平衡造成的。朝阳有中央商务区，海淀有高新技术开发区，现在还缺少中央政务区。如果把南部北京开发出来，把二分之一以上的部委搬到南边，包括北京市委、市政府，南部的经济一定能够带动起来。上海的 10 年发展中，如果把浦东的发展去掉，就没有什么增长。北京的增长从哪里来，要从南部北京的开发中来。第五，是用市场化和行政推动相结合的方式整合廊坊地区。必须看到，大北京战略是至关重要的。中国城市的竞争是以城市群为龙头，以城市为单元，以企业集群为主体，以产业扩充和产业升级为重点，以国际商务为核心，以提升城市竞争力和城市价值为目标的区域性全球化发展模式。

　　第三，创建学习型城市是适应经营城市的需要。据说，北京要召开第五次城市工作会议，主题是经营城市。经济全球化、区域一体化、新型工业化、信息化和城市现代化，这五种力量正推动中国进入一个经营城市的时代。原来讲经营城市就是卖地，经营土地就是经营城市，市长就是 CEO。企业家是经营企业的，市长是经营城市的，这种观念有待进一步商榷。我认为，经营城市的核心理念叫政府创造环境，企业创造财富，市民创造文化。经营城市是通过政府创造环境，将优秀的资源交给优秀的人去经营。经营城市还要重点抓好三个方面的关键环节：第一个方面是能力的再造，是指提高集聚能力、辐射能力、流通能力和增长能力。第二个方面是制度的再造。重点是政府职能转变。建立现代政府治理结构，彻底改变政府在社会发展中无所不包、无所不干、无所不能的多重角色。政府要干很少的事、正确的事、简单的事。很少的事是什么，概括地讲，叫"三公四政"。"三公"是公共产品、公共设施、公共服务。"四政"是行政、财政、市政、民政。其他的事由社会和企业去做。有人说，政府不管哪行呀，否则就会重复建设。从某种意义上讲，重复建设约等于市场经济，没有重复建设哪来的市场过剩？没有市场过剩，就没有竞争，没有竞争又哪来的市场经济？但政府要制定规则、维护公平、披露信息、实行监管。现在的政府往往把简单问题复杂化，而不是复杂问题简单化。简单化包括六个字：取消。看取消了多少东西；减少。减少环节，减少手续；简化。这是根本的。政府的不适当介入，会垄断很多资源。由于政府的很多东西并非来自市场，因此就无法让优秀的人才去经营市场，效率就很低。政府应该建立有限政府和廉价政府，政府也是有成本的，人力、财力、物力是有限的。转变政府职能，根本上是四个化，即强化宏观调控职能，弱化政府管制职能，分化市场干预职能，转化社会服务职能。我们的政府往往是前门紧，后门松。门槛很高，很难进去。一旦进去，就什么都不管了。所以一定要建立小政府、大社会的体制，通过制度的再造来转变政府的职能。第三个方面是环境的再造。根本上是经营环境的再造。投资环境就是投钱，而经营环境是为了实现盈利，优化投资环境或者叫经营环境，主要是八个方面：一是市场环境，创造一个公平竞争的市场环境；二是政务环境，政务是否公开，机会是否平等；三是法制环境，关键是诉讼的效率和执法的公平；四是服务环境，能够按照投资者和消费者的需要提供个性化的服务；五是人才环境，不仅要吸引大量人才，还要创造把人培养成人才的机制；六是创新环境；七是文化环境；八是信用环境。创建学习型城区主要是适应上面所说的三个需要，这三个需要给朝阳什么启示呢？我想说四句话，创建学习型城区，建设服务型政府，弘扬新奥运精神，塑造 CBD 文化。努力打造商务朝阳、奥运朝阳、生态朝阳、数字朝阳和信用朝阳新形象。

四

必须说明的是，学习和学习型不是一码事，不能把学习型简单地理解成学习。如果是这样，我们根本没有必要创建学习型社会，因为两千年前中国就是一个具有学习传统的大国。那么，学习型究竟是什么？先从学习型不是什么谈起。学习型不是传统意义上的学习，不是一般模式的教育，也不是一种学习形式，更不是一种什么"运动"。再进一步分析，学习型包括以下一些内涵：（1）学习型是社会发展形态层次上更高级的社会形态，在农业经济条件下，表现为农业社会；在工业经济条件下，表现为工业社会，在知识经济条件下，表现为学习型社会；（2）学习型是更适应先进生产力发展的组织管理模式，是从经验管理到科学管理，再到学习型组织管理的机制和模式；（3）学习型是与体制创新相适应的社会制度，创新是学习型社会发展的灵魂，体制创新必然推动社会持续变革，变革是学习型社会的本质特征和基本任务；（4）学习型是 21 世纪人们新的生活方式。从上述意义来讲，学习型社会有三个基本标志：一是创建学习型社会是为适应社会发展而进行的一场促进人的全面发展的思想解放运动；二是创建学习型社会是为进一步解放先进生产力的体制创新；三是创建学习型社会是适应全球化背景下竞争和环境变化而进行的持续的社会变革。

建设学习型城区是创建学习型社会的重要内容。它具有四个基本理念：（1）学习社会化。或者叫全民学习，即工作学习化，学习生活化，工作、学习、生活一体化；（2）教育终身化。1996 年联合国教科文组织在一份报告中说，终身教育是打开 21 世纪光明之门的钥匙。教育终身化就是要构筑基础教育、高等教育、职业教育、继续教育一体化教育体系，使人们在终身学习过程中学会认知、学会做事、学会共处和学会生存。(3) 知识便利化。学习应该是在开放的学习系统中，自由、快乐地学习，通过自由学习加速知识流动。只有知识流动，才能知识共享。知识怎样才能流动和共享呢？只有我知道的知识，你不知道，而你知道的知识，我却不知道，在这样的条件下，知识才会流动和共享。如果这些知识你我都知道，那还流动什么？共享什么？因此，知识便利化强调每个人都是知识的使用者、接受者、传播者和提供者。知识便利化是以精简、弹性、扁平化的制度环境为基础的。（4）人才资本化。中国是一个人口大国，把人口资源转化为人力资源，再把人力资源转化为人才资本，最终实现人才价值，这就是人才资本化的过程。这四大理念反映了一个目标，就是树立全民学习理念，构筑终身教育体系，形成学习型社会的制度环境，促进人的全面发展。

建设学习型城区是一项基础性、战略性、创新性的系统工程，根本是如何抓住关键环节，这就是建设学习型城区的三大支柱，即提升学习力、增强创新力、提高竞争力。

学习力是建设学习型城区的根本。学习的本质在于提升学习力。学习力是把知识资源转化为知识资本的能力，是知识总量、知识质量、知识流量和知识增量的综合效应。一个人、一个城市乃至一个国家的学习力，不仅要看它的知识总量，看学习内容来源的宽广程度和组织与个人的开放程度，也要看它的知识质量，看学习者的综合素质、学习效率和学习品质，还要看它的知识流量，看学习的速度和载体的知识输入和输出以及吸纳和扩展知识的能力，更重要的是看它的知识增量，看学习成果的创新程度以及学习者把知识转化为价值的程度。离开学习力谈学习型城市创建就失去了根基。

创新力是建设学习型社会的灵魂。什么是创新？我理解有三个层面：（1）创新是自我否定。有没有创新，关键看是否敢于自我否定。社会就是在否定和自我否定的循环中一浪高过一浪。没有自我否定，就没有创新；（2）创新是"照虎画猫"。这是一个比喻的说法。我曾讲过，照猫画虎就不是创新，照虎画猫才是创新。创新是需要标杆的。在创新中要找到的标杆一定是"老虎"，而不是"猫"。因为，你照猫画出的老虎，无论如何都会像猫而不像虎，而照老虎画出的猫，一定像老虎。(3)创新是资源整合。什么叫资源整合？我来讲一个故事。在美国农村住着一个老头。老头有三个儿子。大儿子、二儿子住在城市，三儿子和老头住在农村。有一天，一个人到老头家里对老头讲，我想把你的小儿子带到城市去工作。老头不同意，说我两个儿子在城市工作，就留下一个小儿子和我相依为命，你为什么要把他带走？那个人说，我给你小儿子在城市找一份工作？老头说那也不可以。那个人又说，我给你儿子找一个对象呢？老头说那也不可以。那个人又说，我给你儿子介绍的对象是洛克菲勒的女儿，这样可以吗？这时老头考虑了一下，洛克菲勒是世界首富、石油大王，可以考虑。过了两天，这个人找到洛克菲勒，说我想给你女儿介绍一个对象。洛克菲勒想，我是世界首富，还用得着你给我女儿介绍对象吗？这个人说，假如我给你女儿介绍的对象是世界银行的副总裁，你愿意吗？洛克菲勒认为这还是可以考虑的。又过了两天，这个人又找到世界银行的总裁，对他说，你现在要立即任命一位副总裁。总裁想，我有这么多的副总裁，为什么现在还要再任命一位？这个人说，假如你任命的这个副总裁是洛克菲勒的女婿，可以吗？这时总裁答应了。

所以资源的配置和整合，就是如何让农民的儿子，当上洛克菲勒的女婿，还要当上世界银行的副总裁。这就是创新。

竞争力是建设学习型城区的出路。城市竞争力是一个复杂的概念，是由城市实力、城市能力、城市活力、城市潜力和城市魅力五大要素组合而成的系统合力。如果讲它的特征，可以概括为以下几点：（1）城市竞争力是一种系统合力。它不是现象上的种种比较优势，不是作为城市要素的种种资源，也不是局部或环节的能力或城市职能活动，而是资源要素及其运作水平的有机集合；（2）城市竞争力是获取持续竞争优势的一种组织力量，是组织系统高度有序的、用于开发和配置资源的一种机制；（3）城市竞争力是抗衡或超越竞争对手的一种力量。其竞争者是现实的，或者是潜在的。竞争力的强弱或大小，不仅取决于城市自身，还与对手的竞争态势以及与总体竞争态势相关；（4）城市竞争力是以资源在全球的流动为背景的；（5）城市竞争力是以实现城市价值为最终目标的。一个城市的价值主要表现在两个方面：一个是城市形态高级化，这决定着城市的价值取向；另一个是城市价值最大化，主要看这个城市能否产生更强的经济实力，能否提供更高的生活水准，能否为个人带来更多的就业机会和发展机遇。

创建学习型城区是一个完整的城市价值链体系。创建学习型城区的过程，就是一个提升学习力、创新力、竞争力的过程。抓住这三大支柱，就抓住了创建学习型城区的根本。

五

最后，我为朝阳区建设学习型城区提五点建议：

第一点，转变政府职能，建立服务型政府。创建学习型城区的第一大任务，就是转变政府职能，建立服务型政府。服务就是指市场需要什么，就能提供什么，这是个性化的服务。优化投资环境的最好办法就是创造服务环境，而创造服务环境的根本途径就是建立服务型政府，而建设服务型政府的前提和关键是彻底转变政府职能，转变政府职能的一个很大的依托就是创建学习型城区。

第二点，构筑多元平台，抓好龙头项目。建设学习型城区，首先要有学习的平台，而且要更加多元化、立体化。在构建平台的过程中，重要的是要抓好龙头项目。要紧紧抓住三个"头"做文章。一是潮头，要永远站在创建学习型城区的潮头上。朝阳区能够在北京，甚至在全国的城区中率先提出创建学习型城区，就是站在了创建学习型社会和学习型城市的潮头上，起到带动的作用。二是龙头。抓住了龙头，龙身、龙尾才能摆起来。一定要下功夫，把龙头项目找出来。三是要抓好拳头，把品牌打出来。这样的话，建设学习型城区就能见到实效。

第三点，关注三大亮点，树立品牌效应。朝阳区在建设学习型城区过程中有三大亮点值得我们关注。一是"一把手"工程。"一把手"工程是建设学习型城区的突破口，如何抓好"一把手"工程，发挥各个单位"一把手"的作用，创造"一把手"工程的模式和经验，值得我们思考。二是抓好窗口行业。要打造商务朝阳，建立服务型政府，就必须抓好窗口行业。尤其是直接和消费者、投资者相关的窗口行业。重点是提高窗口行业执政人员的能力。三是抓社区。对一个城市来讲，一定要紧紧抓住社区不放。社区将会成为中国城市结构的重要支柱，它是中国政治文明和民主建设的一个最大的阵地。物质文明、政治文明和精神文明中，其中政治文明和精神文明的重点在社区。朝阳区具有建设现代社区的良好条件，有好的基础和优势，那么在社区建设的问题上，要通过社区教育构建社区网络，通过社区网络带动社区发展与改革。士祥书记讲要抓好四个教育体系，四个教育体系的建立能不能在通过社区作为突破口来推动。要紧紧抓住这条线不放，何况朝阳区还有全国最有影响的社区学院。社区学院在建设学习型城区的过程中，应该发挥它独特的作用。

第四点，建立学习机制，强化创新模式。通过机制的建立，一定要搞出朝阳创建学习型城区的模式。要有示范作用，有品牌作用，有推广作用。现在是战略竞争，要抓制高点，而制高点的关键是制定游戏规则。

最后一点，注重特色培养，实现舆论先导。一定要打出我们的特色，在培养特色的同时，一定要实现舆论先导。政府工作有一个特点，像母鸡下蛋，下完蛋再叫，现在市场经济要求下蛋之前先叫，下完蛋以后再叫就晚了。先叫的鸡才是好鸡，当然前提是要会下蛋。

创建学习型城区是每一个人新的生活方式，也是每一个干部和市民享有的权利和应尽的义务。区委、区政府创建学习型城区是下定决心的，也会下大功夫的。衷心祝愿朝阳区在创建学习型城区的过程中能够有影响、有经验、有成果、有效益、有品牌，完成区委、区政府预定的目标，最大限度地实现朝阳的城市价值。

（2003 年 3 月 27 日在北京市朝阳区建设学习型城区报告会上的主题演讲）

学习型城市与城市战略

　　编者按　2003年8月12日，江苏省常州市举行创建学习型社会专家报告会，邀请著名学习型社会理论研究专家连玉明教授主讲"学习型城市与城市战略"。来自全市各类学习型组织的相关负责人、市建设学习型城市理论研究中心全体人员、各辖市区宣传部分管领导等200余人参加了报告会。报告会上，连玉明教授围绕学习型社会理论、创建学习型城市与提升城市综合竞争力、对常州战略的基本判断等问题，进行了深入浅出的阐述。市委常委、宣传部部长张晓霞出席了报告会。报告会前后，江苏省副省长李全林、市委书记范燕青、代市长徐建明分别会见了连玉明教授，并与他就学习型社会理论与实践等问题做了交流。

非常荣幸来到常州和大家共同学习和交流关于建设学习型城市的一些体会。到目前为止，全国已有 50 多个城市提出建设学习型城市。在这么多城市提出创建之后，我们发现了一些问题，主要是三个方面：一是真学还是假学；二是实实在在地学还是形式主义地学；三是短期行为学还是能够建立一个长效机制学。归根到底，如何避免形式主义和短期行为是创建学习型城市过程中大家最关心也是最担心的一个问题。对常州创建学习型城市我们关注已久，昨天到今天我们与宣传部领导、指导委员会领导、各个牵头部门领导交流之后，最大的感受就是"实"，实实在在的"实"。把这个"实"字概括起来讲，一是结合实际；二是实事求是；三是实实在在，不摆花架子，不搞形式主义；四是扎扎实实，一步一个脚印；五是落到实处；六是见到实效。

今天上午市公安局领导交流经验以后，对我震动很大。用两句话概括：一是了不起，二是了不得。为什么说了不起和了不得呢？朱局长讲，公安局三大任务：打击、服务、保障。通过创建学习型公安机关确立了三个观念：人民至上的观念，人权至上的观念，法制至上的观念。公安机关的职能实现了三个根本转变：一是从专政向服务转变；二是从特权向人权转变；三是从人治向法治转变。举一个例子，朱局长讲刑事执法，说可抓可不抓的，不抓。讲行政执法，一不准擅自检查；二不准说不行。讲交通执法，一般情况下不准扣照、不准罚款，声音要低下来，态度要好起来。通过建设学习型机关能够把很多行政部门、政府部门的职能转变过来，是很了不起、很不容易的一件事。这是实实在在的东西，是老百姓关心的东西。

"三个代表"的本质是"立党为公，执政为民"。什么是执政为民？李长春同志有一个讲话，他说：要把学习运用好"三个代表"重要思想作为一种政治责任、一种精神追求，要不断提高运用"三个代表"重要思想指导实践、解决问题、研究工作的能力，要坚持立党为公、执政为民的这个本质，要用人民群众满意不满意、赞成不赞成、高兴不高兴、答应不答应来衡量我们的一切决策。要细心研究群众利益，围绕群众最现实、最关心、最直接的利益来抓落实。这是衡量我们真学"三个代表"还是假学"三个代表"最重要的一个标志。公安局的这个创建，就是真学"三个代表"最具体的体现。

最近，常州在搞"新机遇，新跨越"大讨论。常州人需要进一步增强信心，振奋精神。去年5月，我在大连召开的建设学习型城市论坛上讲了一个观点，当时李全林书记在场，我说"十年之内看苏州，十年之后看常州"。为什么这样讲？我们要站在更高的角度把眼光放得远一点来看。学习型城市教给大家发现问题、思考问题、研究问题、解决问题的方法，塑造每一个人必须具有"三只眼"：第一只眼，有眼光，看得远；第二只眼，有眼界，看得宽；第三只眼，有眼力，看得深，看得准。有这"三只眼"，对问题才能看得透，才有解决问题的能力。

用望远镜观察法认识常州

大家都是常州人，太了解、太熟悉常州了，习惯于站在常州看常州。今天要跳出常州看常州。用望远镜的方法看一看能看到什么。我看到的是两点：一是经济全球化；二是区域一体化。认识常州、理解常州、发展常州必须在经济全球化和区域一体化这两个大背景下进行。究竟什么是经济全球化？它的本质概括起来讲，一是世界市场。经济全球化告诉你的是一个世界市场，我们面对的不是常州的市场、长三角的市场，也不是中国的市场，而是全球的市场。二是国际规则。我们遵循的市场游戏规则，是国际规则，不是常州的规则，也不是某一个领域制定的规则。那么世界市场和国际规则这两大特点告诉我们，现在的竞争是国际竞争。在国际竞争这个大的格局下，是以城市群为单位进行竞争，是城市群和城市群的竞争。对我们国家来讲，正在形成三大城市群，即长江三角洲城市群、珠江三角洲城市群和大北京城市群。我想围绕三大城市群谈几点认识：

先谈一谈长三角城市群。长三角城市群是以上海为龙头，由江浙 15 个城市（后又增加一个台州）共同组成的。现在的长三角已经成为世界第六大国际都市圈。长三角城市群归纳起来讲，具有五大优势：一是强大的经济实力；二是长效的联动机制；三是持久的竞争优势；四是开放的市场体系；五是一流的执政水平。

珠三角现在落后于长三角，但是有四个动向值得注意。一是大佛山的形成。佛山把顺德和南海撤市改区了，就像常州把武进撤掉一样。当时把武进划成区以后，我的心里震动了一下，感到常州这个动作预示着在 10 年后常州将变成一个 1000 万人口的大城市。我讲一组数字，到 2002 年年底，我们国家的城市化率是 37.7%。说明中国大概有 4.6 亿城市人口，8 亿多农村人口。按照城市化率每年增加一个百分点计算，到 2020 年，我们的城市化率就是 58% 左右，也就是说城市人口将增至 8 亿—9 亿，要求必须有 200 个能容纳 300 万人口以上的特大城市，或 300 个能容纳 200 万人口以上的特大城市，现在根本不可能。所以像常州这么大的城市不能翻一倍，要解决这样的问题，可能得翻一倍半，人口就在 1000 万左右，要做好这个准备。二是深圳提出国际化。深圳国际化是珠三角大发展的一个重要信号。三是深圳和香港一体化。温总理专门就香港和内地的合作问题，搞了一个 CEPA 协议，这说明香港和内地的经贸关系更加紧密。四是德江书记在广州要推行的不是珠三角城市群，是大珠三角城市群，或者说是泛珠三角城市群，建一个华南都市圈。珠三角的这些动向值得我们注意。

再看大北京，当然差了一点，还提不上一体化，但有三大契机。一是京津合作。一旦北京和天津合作，很"可怕"。现在是北京吃不了，天津吃不饱。它俩在对抗，没有竞争力。但是，一旦合作起来就非常有竞争力。二是奥运会。北京能不能利用 2008 年奥运会这个契机打造一个新的奥运圈。三是北京、天津、河北有一个交叉的地方是廊坊。廊坊地区的开发如果按照特区模式进行，中央再给政策，那么就会成为京津冀最大的一个支点，会拉动整个大北京的建设。从区域一体化，尤其是从长三角区域一体化来看，我们要看到长三角区域一体化基本形成了共同市场，一定要把常州放在这个共同市场中去考察、去认识，不要孤立起来看。必须看到现在的稀缺资源，比如人才、资金这样的要素正在向长三角集聚。据调查，现在的大学生和研究生毕业以后有1/3的人愿意首先选择到长三角地区工作，有1/4的人愿意在北京工作，而愿意到深圳工作的人只有1/9。所以看一个城市的发展要看一个城市的形态，不要看经济总量。比如深圳现在的GDP3000多亿，全国排第三，但是深圳是一个衰退型的城市，常州GDP只有700多亿，但它是一个成长型的城市，而且常州的城市发展进入了高速成长期。

用放大镜观察法解读常州

我们再用放大镜观察法去看常州。归纳起来讲叫"一地三城"。"一地"是现代制造业基地，"三城"是学习城、数码城、大学城。对"一地三城"我想从三个角度来认识。

1. 从"世界岛"理论来认识常州。经济全球化是一个世界市场。在世界市场格局下，每一个城市是一个岛，这个岛集聚、辐射、流通、增长的能力和世界市场的每一根神经都密切相关，每一个动作都会牵扯到世界市场的动作，这就是"世界岛"理论。那么，运用"世界岛"理论我们要看一看常州提出现代制造业基地能不能形成。从世界市场看，我们已经观察到，全球产业正在进行产业梯度转移。全球制造业由于价格下降，成本上升，从欧洲转向美洲，从美洲转向亚洲，从东南亚转向中国、转向内地，现在正在由东亚向长三角、内地转移。这个产业梯度转移趋势，世界制造业东移中国大的趋势不能改变，但是制造业东移中国，不等于就是要转移到常州。不是你提出来制造业基地，制造业基地就会转移到你这里。能不能成为制造业基地，关键要看两点：一看有没有承接制造业基地的条件；二看有没有承接制造业基地的能力。要成为跨国公司的加工厂，现在不是愿不愿意，而是有没有资格。举一个例子，我们不要和苏州比，也不要和无锡比，我们和江西的南昌比。南昌市委、市政府今年正式提出要建设现代制造业基地，认为南昌最具备条件、最有能力。它有什么条件呢？南昌市委书记讲有五个优势：（1）区位优势。南昌区位最好，好在南昌是长三角、珠三角、闽东南三角的交汇点；（2）市场优势。以南昌为中心，建立了一个6小时经济圈，在这个6小时经济圈内拥有4.5亿人口，每年拥有12万亿工业品的消费潜力；（3）低成本优势。水、电、气、土地、人力资源在周边是最低的；（4）投资环境优势。投资成本最低，回报最快，效率最高，信誉最好；（5）生态环境优势。南昌是周边地区唯一的生态花园城市。除了这五大优势，南昌在现代制造业基地方面还有五大能力：（1）工业项目园区化；（2）资源配置市场化；（3）企业主体民营化；（4）企业竞争集群化；（5）产业发展链条化。可以看出，现在是一个竞争的时代，常州不仅是跟苏州、无锡竞争，更重要的是在全国范围、世界范围内的竞争。但是不要怕，常州的优势是任何城市都代替不了的。南昌讲得很好，逻辑非常严密，但是有一条，假设和前提是错误的。听了以后非常振奋，但是干不了。因为长三角、珠三角、闽东南三角和南昌没有形成一个共同市场，不是区域一体化，不可能互动。要素资源没有互动性，就不可能形成优势。但是动向要看到，要看到人家的信心。

2. 从"中心－边缘"理论来认识常州。我们不要总把常州作为边缘，总想到是长三角的边缘，怎么就没有想到自己是长三角的中心呢？你要把自己确定为中心，别人都是边缘，用自己的中心去整合边缘。如果把自己认为是边缘，当然别人是中心了。只有当你认为自己是中心的时候，他人才是边缘。为什么常州创建学习型城市会搞得这么好，重要的一条是我们掌握了游戏规则的制定权，通过"中心－边缘"理论要认识常州现代制造业基地的问题。常州的制造业要有三个基础、五个转变。这三个基础是产业基础、产品基础、技术和人才基础。五个转变是：（1）从国有企业向民营企业转变。我们大中型企业中，国有企业的比重还是比较高的，这个国字一定要改成民字；（2）从企业集群向产业分工转变。制造业讲的是产业链，是一个产业链条。制造业不像小商品以企业集群为主，制造业不仅讲企业集群，而且讲产业分工，看是不是形成产业链；（3）从工业体系向市场体系转变。要形成具有常州独特的、开放的市场体系，要整合南京城市圈、苏锡常州城市圈，包括上海、长三角城市群的市场体系；（4）从本土化经济向外向型经济转变。常州现代制造业有两根"软肋"：一是民营经济的发展；二是外向型经济的发展。把这两点搞上去，常州就上一个台阶。（5）从常规发展向跨越式发展转变。

3. 从"增长极"的理论来认识常州。看一下产业战略、产业选择。无论是"世界岛"理论，还是"中心－边缘"理论，最后都要落到一个增长极上，要看是否形成一个经济增长极。增长极就相当于蒙古包中间的支撑物，这个支撑物的高度决定了蒙古包的面积。支撑物越高，面积就会越大。所以增长极非常关键。用增长极的理论来看现代制造业基地对"现代"怎么理解。从制造业的角度讲"现代"，一方面是这个东西越新越好，另一方面是技术含量越高越好。但是在现代制造业发展过程中，还不能完全按照字面上的含义去理解。制造业是一个劳动密集、技术密集、资本密集相结合的产业，是一个产业配套、产业分工的产业链。我们要在产业链上下功夫。一个非常重要的问题是制造业是一个非常长的产业链条，这个链条有一个互动过程，就是一个产业链条推动另一个产业链条，在层层推进的过程中，推动产业升级，在产业升级的过程中，会用第一次的投资引起第二次的投资，这叫再投资现象。因为它是产业链，一个环节和另一个环节要配套。但是，在整个制造业的环节中，有两个环节非常关键：一是现代制造业产业链条最薄弱、最要害的环节是什么？二是能引起这个产业链条核心竞争力的环节是什么？然后把这两个环节交叉，看这个交叉点是什么？这个环节就是人才和技术。这既是制造业核心竞争力的焦点，又是产业链条最薄弱的环节。所以，抓住技术培养人才，抓住人才发展教育，抓住教育来整合职业教育，使职业教育形成产业，使制造业的投资通过职业教育的产业能够引进再投资现象，这样就形成了增长极。所以，职业教育、技术人才、技能人才的培育，职业教育是产业链。这个链条的延伸就是制造业产业链条中的"长板"。

再比如，现在规划大学城。我们的整个职业教育战略、建设学习型城市基础已经形成一个浓厚的气氛和良好的条件，但是要深入下去，形成增长极。企业竞争中有一个木桶理论：一个木桶能装多少水，不是由长板决定，而是由短板决定的。长板再长，短板如果很短，水还是会流出来。所以很多企业、产业都在补短板。但是，常州绝对不能补短板，常州要做长板。职业教育是制造业里面的一块长板，要继续把这个长板做长，然后用这块长板去整合别的地方的长板，做成一个新木桶，装得水就更多了。学习型城市建设就是要通过知识战略扩展资源的整合半径，知识战略就是"长板"。这是建设学习型城市解决问题的落脚点。通过两种方法和三个角度观察常州实现现代制造业基地的战略，我感到必须具备五个条件：

1. 产业战略。什么是战略？战略不是说你应该干什么，而是不应该干什么。战略就是学会放弃。常州要想真正地发展，在战略上必须认识到这一点。什么叫竞争优势？一个企业家请我讲课，一下飞机就说，你看我的企业怎么样，这些广告牌都是我的，医药、化工、农业、工商，各个行业，非常齐全。我说，你还差一个军工，你再搞一个军工就全了。大家讲品牌战略。什么是品牌？品牌就一句话，干一件事，说一万遍，让十万个人知道。所以常州最紧要的是产业的选择。

2. 人才市场。要把常州的人口资源变成人力资源，然后把人力资源变成人才资本。在制造业上有一个误区，有一个错觉，总认为制造业将来要转移到劳动力成本比较低的地方去，实际是错的，现在是什么时代？是一个资源流动的时代。制造业在常州，青海、甘肃的劳动力不是来了吗？劳动力是可以流动。所以劳动力不是制约你的根本因素，关键是能把人力资源变成人才资本，通过人力要素的集聚，最后使人才资本化。

3. 竞争环境。今年我们提出优化发展环境。优化发展环境就是"一高一低"：投资成本要成为洼地，政府服务要成为高地。把这"一高一低"解决了，就好办了。现在有一个时髦的讲法叫经营城市，经营城市的本质就是政府创造环境，企业创造财富，市民创造文化。政府是创造环境的，为什么我讲公安局了不起，公安局讲不准罚款，不准擅自检查，不准说不行，这就叫"环境"。

4. 联动机制。作为长江三角洲15个城市之一，常州在建设现代制造业基地的过程中，如何能够和长三角共同联动，这是一个关键问题。常州现代制造业的贡献和对长三角的贡献密不可分。从城市的观点看，有四个功能：一是集聚功能；二是辐射功能；三是流通功能；四是增长功能。这四大功能和长三角建立一个长效互动的机制最为关键。一是"抓大放小"。常州人的观念是"迈小步，不停步，年年有进步"；

要把"小"字去掉，要"大战略，大开放，大发展，大跨越"。别人已经上了跑道跑了三圈了，你才上跑道，怎么能跑得过别人，一定要迈大步。二是改变规则。牢牢掌握规则的制定权，别人在跑道上跑了三圈了，你才上跑道，能成为冠军吗？不可能。怎么办？改变游戏规则，掉转头不就是第一名了吗？要学会改变坐标系，学会迈大步。

（5）城市文化。昨天和张部长交流的时候，有一点让我很振奋。学习型城市建设和先进文化形态的创建相结合，这是一个全新的课题，对常州文化要进一步的梳理。按照现代制造业的要求重新梳理，通过城市文化、市民精神讨论最后梳理出一个具有人性化、个性化的文化形态。通过对常州现代制造工业基地的认识，我感到常州要实现跨越，最大的问题是人的问题，最大的差距是认识的差距，最大的恐慌是知识的恐慌，最大的危机是本领的危机，最大的失误是决策的失误，最大的障碍是观念的障碍。把这六个"最大"解决了，常州的新跨越就上去了。学习型城市的建设要紧紧围绕这六个"最"，解决好这六个"最"。

接第一个问题，我们把城市分为三种类型：一是成长型；二是停滞型；三是衰退型。我认为常州是成长型，而且现在基本上进入高速成长期，但是常州有的时候是"尾灯战略"，叫"灯下黑"现象。为什么这样讲？我把这个"灯下黑"现象概括成三个问题：一是硬件不硬，软件不软；二是能力不够，动力不足；三是政府不强，市场不活。什么叫"硬件不硬，软件不软"？我概括为"一高一低、一快一慢、一多一少"。"一高一低"即现代制造业基地战略定位高，公共事业和配套服务的建设档次低，二者的矛盾比较突出；"一快一慢"即工业化发展速度快，城市化建设速度慢，工业化和城市化之间的矛盾也比较突出；"一多一少"即基础设施的"欠账"多，老旧城区改造少。从能力和动力来讲，整合能力不够。整合就是借鸡生蛋，借风行船，借光照明，这三个"借"字常州有差距，如果和苏州、无锡比，可能就差在这三个"借"字上；什么叫"能力不够，动力不足"？WTO以后，我们说"狼"来了，"狼"都哪里去了？要整合国际资源，第一要学会"引狼入室"，常州引来多少"狼"呀？第二要"与狼共舞"，能不能与狼共舞呀？第三要"狼狈为奸"，狼是前腿短，狈是后腿短，结合在一起就是优势互补，这叫整合。所以，常州建设现代制造业基地还要在整合上下功夫，在整合上有大动作；什么叫"政府不强，市场不活"？我们把城市分为政府主导型和市场主导型。尤其在苏南这样的地方，是市场主导的经济，为什么市场不够活？民营经济、外向型经济还有差距。所以，怎么样进一步发展民本经济，发展民间资本，发展民营企业是最紧迫的任务。怎么样进一步盘活国有资本，激活民间资本，用活金融资本是关键。

用学习型城市发展常州

1.关于学习型城市的四大理念。

从常州建设学习型城市实践来看，全民学习和终身教育这两个理念已经深入人心，形成了浓厚的学习气氛。但是后两个理念还需要进一步深化。第三个理念是树立知识共享理念，推动知识便利化。什么是知识便利化？每一个人都要成为知识的享有者、传播者、接受者和使用者。便利化的前提是共享，怎么样才能知识共享？首先是知识的分工，专业化分工，我学的东西你不知道，你学的东西我不知道，然后我把知道的知识流动到你那里，知识不就共享了吗？知识共享的前提就是知识流动，知识流动的前提是知识分工，通过知识分工进行知识流动，在知识流动的过程中进行共享。学习的过程是一个从专到通再到专的过程，就像读书一样，从薄到厚再到薄。学习型人才最终看专业化，而不是看是不是通才。看一个人不是看你懂什么，而是看你不懂什么。当领导一个重要的指标，首先要学会不懂，除了会当领导什么都不应该懂，有些领导是什么都懂，领导是政治家、战略家。懂也要装不懂，不要不懂装懂。第四个理念是树立人才价值理念，推动人才资本化。学习型社会通过构筑终身教育体系，促进人的全面发展，实现人的自由的、个性化的、全面的发展。但是发展的落脚点是什么呢？是实现人才价值。

2. 关于学习型城市的三大模式。

（1）大连模式。我们把它总结为环境革命、学习革命、新城市革命三位一体模式。九十年代大连从一个老的、旧的、破的重工业基地变成一个生态型、环保型城市，进行了一次环境革命，用环境革命塑造了城市品牌。孙春兰书记到大连后，提出了"创建学习型城市"，以学习革命打造人才高地。今年大连又提出大大连建设，以新城市革命再造空间优势。所以我们把大连模式叫作"三驾马车两个轮子一起转"。这"三驾马车"，一是环境革命，二是学习革命，三是新城市革命；在这"三驾马车"运行过程中，两个轮子一起转，一个是创建学习型城市，一个是建设服务型政府。

（2）朝阳模式。北京市朝阳区在今年2月份提出三大任务，即优化发展环境，建设学习型城区，深化改革开放。3月18日

到 22 日朝阳区四大班子的 20 多位领导来常州学习，3 月 27 日
正式启动创建学习型城市工作。4 月 9 日，区委、区政府正式
下发文件。朝阳区把建设学习型城区作为优化发展环境和深化
改革开放的重要抓手。区委书记李士祥讲，建设学习型城区，
要"想问题、抓落实、找规律，力戒形式主义"，"边学习、
边转化、边促进，务求实效"，这是他对建设学习型城区提出
的最基本的一个要求。我们总结朝阳模式为三个结合高标准创
建学习型城区，即建设学习型城区和物质文明相结合，优化发
展环境；建设学习型城区和政治文明相结合，强化基层党建；
建设学习型城区和精神文明相结合，深化文明城区。

（3）常州模式。我把常州模式叫作学习力、创新力、竞
争力长效联动模式。归纳为三条：

一是用机制来激发社会学习力。我们总结为五大机制，
六个结合。五大机制：①党政一把手总负责的推进机制；②领
导干部带头学习的示范机制；③上下互动社会参与的组织机
制。昨天张部长介绍，什么叫内外互动？从外部看，动员大会、
层层推进、理论研讨会、经验交流会；从内部看，例会制度，
联席会议，内外联动，上下推广。④激励和约束相结合的动
力机制。⑤三位一体资金投入的保障机制。政府拿一块儿、
社会拿一块儿、自己拿一块儿，建设学习型城区要用钱来保障。

我问一个企业，一年拿多少钱呀？他说不算差旅费要拿100多万。六个结合：即一把手总负责和部门一齐抓相结合；思想发动和行政推动相结合；长期规划和近期安排相结合；集中学习和紧张学习相结合；组织全民学习和重点抓好六支队伍相结合；构筑大众学习平台和建设人才高地相结合。

二是用整合增强组织创新力。在整合问题、创新问题上，我认为常州是"三贴近，五创新"。"三贴近"就是贴近实际、贴近生活、贴近群众。像小巷访谈、谈心亭、新市民夜校、科普楼道、文化长廊，都是贴近群众、贴近生活的生动事例。学习型城市评价看三个指标，知晓率、参与率、满意率。钟楼区的"新市民夜校"很了不起，它是为外地的民工创办的，能把民工叫新市民，不容易！作为一级政府能够提出来你不是外来人口，外来人口和新市民这是多大的差别！多少年来对农民、农民工的歧视，现在能尊重他的权利、身份，就这一点足以说明学习型城市的实效。

常州建设学习型城市还体现在五个创新上：①理论创新。常州有很多经验，把经验再提升一步就是理论。比如学习型机关、学习型系统就是常州创新出来的；②载体创新；③制度创新。我记得李全林书记三次大的报告，一个主题就是"变革·创新·发展"。④管理创新；⑤文化创新。即建设学习型城市如何和先进的文化形态相结合。

三是用知识战略来提升城市竞争力。通过三大战略实现三个提升。①学习城知识战略；②数码城知识战略；③大学城知识战略。通过三大知识战略实现三个提升：①提升城市形象；②提升城市价值。实现城市价值最大化，一看城市有没有更强大的经济实力；二看城市有没有更高的生活水准、生活质量；三看城市能不能为个人提供更多的就业机会和发展机遇。③提升城市竞争力。通过"学习城、数码城、大学城"知识战略的实现最后推动常州城市形象提升、城市价值提升、城市竞争力提升。

4. 关于常州建设学习型城市的落脚点。

我想谈一点个人的看法，就是用知识战略来塑造常州核心竞争力。实际上就是怎样发展职业教育？建设学习型城市怎样和现代制造业基地进行对接和融合是我们要研究的问题。首先，以现代制造业这个战略目标为参照系确立"大开放观、大学习观、大教育观"。现在是常州大学城，将来要办成大学常州城，常州处处是大学，处处是学习基地，处处是技术人才、技能人才的培养基地。不光是搞一个大学城，大学城只能容纳7万人，一个7万人的规模和350万人的规模相比，还差很远。常州重要的问题是把350万人中多大的比例培养成技术人才和技能人才来适应现代制造业基地的需要，把常州 350 万人中多少人要培养成长三角地区、现代制造业基地的双栖人才，要为跨国公司培养多少人才。其次，常州的教育战略应该以职业教育为核心构筑终身教育体系。我们讲金台市现在还很落后，和昆山、江阴、太仓相比还有差距，那么金台能不能率先迈开大步子，把金台市办成职业教育基地；再次，以解决就业和提升就业能力为导向，全面推进城乡教育一体化；最后使职业教育更加市场化、社会化、产业化和国际化。在确定常州职业教育培养目标的时候，我们把着眼点不能放在常州，要放在长三角地区，要放在整个制造业东移以后，在中国这个范围内怎么去为中国的制造业培养人才。常州的职业教育基地不应该是常州的基地，应该成为长三角的基地、全国的基地、世界跨国公司的基地，让所有的劳动力首先集聚到常州，经过常州职业教育的培养，再辐射到全国，这样常州的教育产业就发展起来了，就能够通过制造业进行教育产业链的带动，通过制造业拉动第三产业和现代服务业的发展。这样，城市产业结构、产业支撑就能找到一个制高点，找到一个增长极。

（2003 年 8 月 12 日在常州市创建学习型社会专家报告会上的主题演讲）

城市价值体系与城市学习能力

  在国内，创建学习型城市已有一段时间了，大约有超过100个城市市委、市政府正式发文提出创建学习型城市。在理论上，为什么要创建学习型城市似乎没有问题了，但在实践中还是有不少疑问，特别是创建学习型城市究竟能带来什么好处，还不甚清晰，以至于在创建中稀里糊涂，或流于形式，或短期行为，有的甚至一哄而上、一哄而下。解决这些问题，还是要从城市发展动力学的角度去破题。我谈三个问题：一是城市发展的价值取向；二是城市发展的动力机制；三是学习型城市是城市发展的动力源。试图以此对为什么创建学习型城市再作一些本源性的阐释。

城市发展的价值取向

城市发展的终极目标是价值最大化。价值是城市发展的愿景。那么，什么样的城市是价值最大化的城市呢？我曾做过一个比喻：一流城市经营"形"，这里的"形"是指有形的物质和无形的精神高度融合的城市品牌；二流城市经营"人"，这里的"人"是指以人为本及其人的全面发展；三流城市经营"市"，这里的"市"是指经济繁荣所带来的 GDP 增长、财政收入增长和居民收入的增长；四流城市经营"城"，这里的"城"是指快速城市化所带来的城市扩张及其人流无序膨胀；五流城市经营"官"，这里的"官"是指"官本位"主导下的行政审批、市场干预、政府管制、行业垄断甚至权钱交易等行为。当然，这只是一个比喻。反过来我们来讨论城市价值取向。我个人的观点，在城市发展的价值取向上，以下三点尤为重要。

一是城市品牌。品牌是城市价值最大化的集中体现。从品牌的外在特征看，品牌是一个符号，是一个形象，是一种文化，它具有知名度、美誉度、忠诚度和联想度。从品牌的内在价值看，它至少有四个层面的内涵，即宜居、宜业、宜资和宜游。宜居指的是人居环境，宜业指的是就业环境，宜资指的是投资环境，宜游指的是旅游环境。什么是环境呢？环境是一种高品质的生活空间和发展空间。因此，一个品牌城市必然是一个宜居、宜业、宜资和宜游高度融合的高品质的价值空间。

二是城市生活质量。生活质量是城市价值的核心。一个城市价值是否最大化，不仅要看这个城市是不是具有强大的经济实力，而且要看这个城市能不能更有效地提高老百姓的生活质量以及更多地为它的居住者提供就业机会和发展机遇。生活质量是老百姓的生活状态和生活预期，体现在"衣食住行""生老病死""安居乐业"等方方面面。经济发展模式决定生活质量，政府公共服务提升生活质量，城市文明程度影响生活质量。因此，我们提出"生活质量是检验城市价值的唯一标准"。科学发展观的核心是以人为本，构建和谐社会需要人文关怀，生活质量是以人为本和人文关怀最重要的体现。站在人的高度，从生活质量出发，规划城市、建设城市、管理城市，让发展的成果惠及全体人民，这是中国城市发展最重要的价值导向。

三是城市竞争力。城市竞争力是实现城市价值最大化的过程及其状态。所谓城市竞争力，是指一个城市在经济全球化和区域一体化背景下，与其他城市比较，在资源要素流动过程中，所具有的抗衡甚至超越现实的和潜在的竞争对手，以获取持久的竞争优势，最终实现城市价值的系统合力。城市竞争力是一个开放复杂的城市价值链系统，其本质是建立高度区域一体化的全球资源配置机制和城市形态演化模式。一个城市的价值链包括其价值活动和价值流。价值活动是城市价值创造过程中实现其价值增值的每一个环节，包括城市实力系统、城市能力系统、城市活力系统、城市潜力系统和城市魅力系统。价值流是一个城市以相应的平台和条件吸引区外物质、资本、技术、人力、信息等资源要素向区内集聚，通过各资源要素的重组整合来促进和带动相关产业升级和扩充，并将形成和扩大竞争优势向周边和外界扩张和辐射，在资源要素高效、规范、快速、有序的流动中实现价值，再在循环往复中不断扩大规模和持续增长，从而提升城市竞争力。城市价值链模型将城市的资源配置机制和价值创造过程描述成一个价值链体系，并将城市的各资源要素有机地整合起来，使它们形成相互关联、协调发展的整体，按照层次结构逐级提升，推动城市实现价值最大化和城市形态由低级向高级演化。更重要的是，竞争不只是发生在城市之间，而且发生在城市各自的价值链之间。提升城市竞争力，一方面必须实现价值链的分解战略，分解价值链创造过程的各个环节，弃弱保优，保留其中的最优环节，做好做强。另一方面，必须实现对价值环节进行市场整合。只有对价值链体系中的各个系统实行有效分解与整合，才有可能获得真正的竞争优势。

城市发展的动力机制

发展像一辆在高速公路上奔驰的汽车。汽车能不能跑得快，取决于这辆车上的发动机。发动机是汽车行驶的内在驱动力。城市发展也是如此。因此，从某种意义上讲，城市发展完全取决于它的动力机制。一般地讲，城市发展的动力机制有六大支撑，即规划引导发展、园区带动发展、环境促进发展、管理服务发展、文化提升发展和稳定保障发展。以下我们逐一阐释。

一是规划引导发展。规划是城市发展的第一动力。规划是城市战略的实现载体。最好的城市是先规划后建设的城市。中国的一些城市之所以出现种种问题，一个重要的原因就是先建设后规划，边建设边规划，甚至只规划不执行，导致了城市建设的无序开发和城市破坏的不可逆转。城市建设的不可重复性决定着城市规划必须具有先导性和前瞻性。对于快速城市化来说，规划比建设更为重要。如果规划滞后，或者规划不到位，即使再高标准的建设、再高水平的管理、再快速度的发展也无济于事。城市是讲功能的。城市功能是由城市结构决定的。而规划直接影响甚至决定着城市结构的合理性和科学性。城市规划的不科学必然导致城市结构的不合理，城市结构的不合理必将导致城市功能紊乱，城市功能紊乱又将导致城市神经错乱，城市的神经错乱又会导致城市的管理混乱，管理混乱的直接结果导致城市决策者和管理者决策行为的随机性和随意性，这种随机性和随意性在城市规划中又表现为短期行为和现实利益，反过来又加剧了城市结构的更加不合理，以至形成一个恶性循环的怪圈。如果把城市化比作一辆火车，那么城市规划就是铁轨。火车头的动力越足，轨道的刚性就要越好。从这个角度讲，城市规划是城市发展的起跑线，我们不能让城市输在规划的起跑线上。必须强调，城市规划不是"纸上画画，墙上挂挂"，而是在定性研究、定位研究、定量研究和定策研究基础上所制定的城市战略，这个战略既描绘出城市发展的愿景，也划定了城市发展的底线。

二是园区带动发展。园区是城市发展的模式选择，是产业集群的平台支撑。从城市经济学的角度看，产业不仅要讲结构，更重要的要讲集群。产业集群的形成必须依赖完善的公共设施和良好的制度环境，而这些又必须以园区作为重要载体。因此，园区不仅成为产业集群的实现载体，也是城市经济的模式选择。从城市经济的发展模式来看，园区一般可分为经济开发区、高新技术开发区、中央商务区（CBD）、中央政务区（CLD）、中央休闲区（CRD）、文化创意产业集聚区、保税区、现代物流园区、总部基地、临空经济区，等等。园区模式决定着城市功能定位和空间布局，也决定着城市经济的增长方式。

三是环境促进发展。环境是产业赖以生存和发展的条件，是人自由而全面发展的价值空间。环境建设既是城市发展的重要动力，又是提升城市功能的重要举措，也是构建和谐社区的重要标志。让城市环境更加优美，秩序更加优良，管理更加优化，服务更加优质，文化更加优秀，是环境建设的重中之重。因此，环境建设应着力在三个方面下功夫：（1）改善生活环境，维护群众利益。重要解决好"城中村"拆迁、老旧小区改造、拆除违法建设和城乡接合部综合整治工作。（2）整治市容环境，提高管理水平。真正做到标本兼治，建管并重，既注重过程，又注重结果；既讲求成本，又讲求效果。寓管理于整治中，在整治中体现管理，在管理中实现整治。

（3）优化发展环境，促进和谐建设。一手抓硬环境，一手抓软环境。以建设服务型政府为着力点，实现"软环境"的"二次革命"，切实提高政府的执行力和公信力。做好环境建设，首先取决于人，取决于良好的精神状态，取决于科学的工作方法。环境建设工作认识要深化，标准要细化，任务要量化，责任要硬化，监督检查要公开化。

四是管理服务发展。城市是一个复杂的开放的巨系统。全球化浪潮正在淹没城市之间的界限，城市资源及其要素的流动性增强，尤其是人流、物流、资金流、技术流、信息流速度加快。这种要素的流动性给城市资源的重新整合和市场化配置创造了条件和机会，同时这种外部力量迅速并且出乎意料的变化也给城市产业、市场、资本、人才、贸易带来波动，增强了城市的不确定性。而这种不确定性的后果使城市内部的无组织力量增加，从而破坏了城市超稳定结构的适应性，使"静态型"的城市结构变得脆弱，城市的不稳定风险不断上升，城市管理的难度不断增强。特别是在中国大中城市进入"非稳定状态"的危机高发期情况下，流动人口的管理和城市灾害及其危机处理系统的建立两大关键性问题必须引起我们的关注。因此，加强社会管理和科学管理，尤其是数字化城市管理应当提上议事日程。

　　五是文化提升发展。文化是城市发展的灵魂。文化是城市历史的传承，也是城市品质的再现。一个失去历史感和文化感的城市，一个失去自然和人性的空间，再多的高楼大厦，再多的草坪绿地，也会给城市带来伤痛与遗憾，也会让人感到孤独和迷惘。土耳其的一位诗人说，"人的一生中有两样东西是永远不能忘却的。一个是母亲的面孔，一个是城市的面貌。"而现在，中国的很多城市在人的记忆中逐渐消失了。城市要发展，要旧城改造，要消灭危房，但更重要的是要学会尊重自然、尊重历史、尊重城市、尊重市民，这些尊重的背后是文明的传承，是城市文化所折射出的个性的魅力。

　　六是稳定保障发展。应当看到，改革发展丰硕成果的背后正隐藏着种种复杂多变的不稳定风险。由于这些风险具有一定的潜伏期和高度不确定性，在特定环境和条件下一旦爆发，很可能导致非常态扩散和放大，尤其是以下五种不稳定因素正处于从潜在风险向公共危机转化的临界点上：（1）贫富差距正在进一步扩大；（2）社会深层次矛盾日益凸现并有激化的趋势；（3）社会治安形势严峻；（4）官与民的冲突成为各类冲突之首并且极易放大为社会危机；（5）非传统安全问题和人为制造的危机正成为公共安全的主要威胁。这五点必须引起全社会的广泛关注，尤其是引起政府的高度重视。

学习型城市是城市发展的动力源

学习型城市是通过提高组织的学习力，把资源转化为资本，以获取和保持持续的竞争优势，不断提升城市价值的状态和过程。这个概念包括以下含义：（1）学习型城市是一种不断进步的状态和不断进化的过程；（2）学习型城市是一种获取和保持持续竞争优势来源和稳定性的自组织力量；（3）学习型城市是资源转化为资本的知识激活机制；（4）学习型城市是以提升城市价值为共同愿景；（5）学习型城市是以提高组织学习力为动力，不断推动学习社会化、教育终身化、知识便利化和人才资本化。围绕这个概念，学习型城市要重点解决三个方面的问题。

一是城市竞争优势和学习力。从发展的角度看，城市竞争优势取决于两个层面：（1）比较优势。即区位优势、资源优势、成本优势等。（2）未来潜能。即后发优势，也就是未来潜在的发展能力。这两大优势如何变成竞争优势，关键在转化。而转化的关键是知识的激活机制，知识的激活源于创新，创新源自学习循环，即学习力—创新力—竞争力。因此，学习型城市建设要把握以下几点：（1）通过团队建设建立和扩展合作秩序；（2）通过提升学习力扩展资源整合半径和增强资源整合能力；（3）通过制定或改变游戏规则来保持和获取竞争优势的来源和稳定性。

二是城市形象和市民素质。城市形象是城市品牌的外在体现，市民素质是城市形象的重要标志。一个城市的形象、素质和价值，最终是由这个城市的人的形象、素质和价值决定的。考察一个城市，如果用简单的方法，一看垃圾，二看厕所，三看无障碍设施和服务。这些城市细节所折射出的恰恰是一个城市的市民素质、文明程度、道德水准和社会风尚。学习型城市所追求的正是提升城市形象、提升市民素质、提升城市价值的状态和过程。学习型城市所关注的是这个状态和过程使人的生存和发展环境能不能得到更好的改善，人的综合素质、道德水准和文明程度能不能得到更高的提升，人的权利能不能得到更充分的尊重和行使，人的价值能不能得到更大限度的实现以及人的多样性、个性化需求能不能得到更充分的满足。

三是终身学习计划和人的全面发展。我们所倡导的是一个全民学习、终身学习的学习型社会。学习不仅提升城市价值，也提升人的价值。终身学习是一个人生存和发展的必然选择，从学习型人才到学习型组织，也是学习型社会的内在要求和必然趋势。因此，要进一步深化对学习型社会的规律性认识：

第一，读好书，交高人，见世面；第二，知识、能力、人缘、敬业四位一体；第三，贯通文理，贯通中西，贯通古今，贯通天人，贯通知行。

最后，对创建学习型城市还想谈三个需要研究的问题和四个方面建议。这三个需要研究的问题，一是创建学习型城市老百姓究竟能得到哪些实惠？二是创建学习型城市怎样才能不搞形式主义？三是创建学习型城市如何建立长效机制避免短期行为。四个方面的建议是：围绕需求抓内涵，突出特色抓载体，整合资源抓参与，把握规律抓创新。

（2007年7月10日在新疆克拉玛依"第五届全国学习型城区论坛"上的主题演讲）

农村如何创建学习型社会

今天，我带来两种方法，一种叫"望远镜观察法"，另一种叫"放大镜观察法"。我们先用望远镜观察一下朝阳，看看我们看到了什么。从更高、更远、更广阔的范围来看，用望远镜的方法来观测，我们看到的是朝阳的区域国际化、城市现代化、农村城市化。那么，什么是农村城市化呢？我们再用放大镜观察法来看。它的本质，最重要的一点就是用城市化战略的眼光来观察农业、农村和农民问题，站在城市化战略的角度发现问题、思考问题、研究问题和解决问题。这是我们创建学习型城区面对的最大一件事情。士祥书记讲，要"想问题、抓落实、找规律"，那么，问题是什么，落实怎么抓，规律在哪里？对于农业、农村和农民的问题，最大的问题是人的问题，最大的差距是认识的差距，最大的恐慌是知识的恐慌，最大的危机是本领的危机，最大的失误是决策的失误。在农村城市化过程中，领导干部观念陈旧，是加快改革、加快开放、加快发展最大的障碍。而这一切都是由于缺乏知识、缺乏本领所造成的，是因为缺乏武装、缺乏包装所导致的。农村城市化的过程，既要有理论的、知识的、思想的武装，还要有市场化的、工业化的、城市化的包装。前一阶段我们搞调研时，来广营的赵万友书记讲基层干部最缺乏的是理论。我们的基层干部尤其是农村的广大干部，忙于低头拉车，不会抬头看路。学习型地区、学习型乡村的建设告诉大家不能光低头拉车了，该到了抬头看路的时候了。我们的干部尤其是农村的干部不仅要敢想敢干，而且还得听懂会干。这里讲"听懂"，是指能理解中央、市委、区委的精神，"会干"是指能够科学、主动、创新性地工作，不是盲干、傻干、愣干。从这些工作、这些问题都能够看到区委、区政府为什么要把建设学习型城区纳入今年工作的三大任务来抓，看到建设学习型城区的重要性、必要性和紧迫性。我围绕农村城市化谈五个方面的认识。

把握时代特征

观察朝阳问题，就是要跳出朝阳看朝阳。学习型城区建设的本质就是学会用知识战略来扩展资源的整合半径，内外联动，上下结合。关键是把握时代特征，在时代的大背景下构建自己的坐标系。怎么把握时代特征，我们应该把眼光看远一点。不管是哪一级的领导，哪怕是最基层的领导，也必须有"三只眼"，即眼界、眼光和眼力。眼界就是要看得宽，要有开放的思维、开明的思路；眼光就是要看得远，要站在时代的潮头，找准发展的制高点；眼力就是要看得准，看得深。这"三只眼"是领导的水平，是领导决策的重要依据。把握这个时代，尤其是进入 21 世纪以后，最本质的应该把握两个基本规律，回答两个关键问题。这两个基本规律，一是竞争。这是一个竞争的时代。竞争就是在战场上和对手的较量。农村的特点是分散，城市的特点是集聚，它要把稀缺的资源，如人才、资本、人流、物流、信息流集聚在一起。有没有竞争能力，首先看有没有集聚能力。竞争时代的游戏规则是"赢家通吃"。二是合作。这个时代又是一个合作的时代。经济全球化、区域一体化、农村城市化，这些"化"最后的根本就是一个合作化。上海现在是世界第六大国际都市圈，但是上海的领导讲，我们有什么呢？我们的 GDP 贡献率仅占全国 GDP 的 5%，和国际大都市的 15%—20% 的距离还相差很远，所以我们必须联合，和江苏、浙江、长江三角洲 15 个城市联合起来，形成区域一体化，打造世界第六大国际都市圈。现在这个时代，赢得竞争的关键就在合作。一切问题就是在竞争中合作，这是一个"竞合"时代，是指导农村城市化一切工作中最基本的规律。士祥书记不是说找规律吗？这就是规律。

把握时代特征还要求我们必须回答两个问题。一是世界向何处去，二是中国向何处去。这是两个大问题。世界向何处去，我们的回答是"三个基本不变，一个基本结论"。三个基本不变：一是和平和发展的时代主题基本不变；二是世界多极化和经济全球化的发展趋势基本不变；三是科技进步的日新月异和综合国力竞争的日趋激烈的世界环境基本不变。这三个基本不变得出一个基本结论：形势逼人，不进则退。对于中国向何处去，我们的判断是三个新阶段：一是以全面小康为标志，加快社会主义现代化建设进入新阶段；二是以 WTO 为标志，中国改革开放进入新阶段；三是以十六大为标志，党的建设、政治文明和人的全面发展进入新阶段。这三个新阶段告诉我们中国要在与世界的互动中发展，全面小康的最大障碍不在城市，而在农村，告诉我们全面小康要靠城市化来实现。所以，能不能

全面小康，要看农村能不能城市化。一个是经济的问题，一个
是社会的问题，一个是人的问题。这三个问题关系到全面小康，
关系到农村城市化的本质。朝阳区是北京市的一个大区，常住
人口加上外来人口大约有 350 多万。350 万是一个什么概念呢？
它不是一个一般意义上的城区，而是一个特大城市。一个来广
营乡的面积相当于一个澳门大，一个南磨坊乡的年 GDP 就达
40 多亿。研究朝阳不能离开这些现实。再给大家讲一组数字，
到 2002 年年底，我们国家的城市化率是 37.7%。也就是说中国
大约 2/3 的人口是农民。在未来 20 年内，如果按照城市化率
每年增加一个百分点计算，每年约有 1300 万农村人口涌向城市。
到 2020 年，城市人口将增至 8 亿—9 亿。这意味着除小城镇解
决 2 亿—3 亿人外，中国还必须有 200 个能容纳 300 万人口以
上的特大城市，或 300 个能容纳 200 万人口以上的特大城市，
如果不能从战略上加快推进新的城市运动，解决上述问题是根
本不可能的。况且，这么多人涌入城市，必然带来就业、教育、
社会保障、社会服务等一系列社会问题，并必将引发"大城市
病"。现有的基础设施，有限的城市功能，传统的管理模式，
也难以支撑如此庞大的人群。但，这又是一种必然，是一种不
可阻挡的趋势。因此，城市化战略是中国重要战略机遇期的重
中之重。全面小康要靠城市化来实现。城市现代化必须先行一

步。这说明中国最大的问题是农业、农村和农民的问题，这是中国最现实的国情。

把握中央精神

当前，全国人民正在掀起学习"三个代表"重要思想的新高潮。那么，这个"新"字，究竟新在什么地方？最近李长春同志有一段讲话，他说：要把学习运用好"三个代表"重要思想作为一种政治责任、一种精神追求，要不断提高运用"三个代表"重要思想指导实践、解决问题、研究工作的能力，要坚持立党为公、执政为民的这个本质，要用人民群众满意不满意、赞成不赞成、高兴不高兴、答应不答应来衡量我们的一切决策。要细心研究群众利益，围绕人民群众最现实、最关心、最直接的利益来抓落实。

那么，什么是政治责任呢？什么是精神追求呢？水利泰斗、两院院士、三峡大坝设计师、90 高龄的张光斗先生在接受中央电视台记者采访时，主持人问他的人生观、价值观是什么，他说，第一要做有益国家的事，第二要做有益老百姓的事，损害国家和老百姓的事我不干。他说，现在我们所享受的物质和精神财富都是前人创造的，所以我们每个人在有生之年要为后人干点事情。这就是政治责任和精神追求的缩影。

什么是立党为公、执政为民呢？刘淇书记、王岐山代市长来朝阳望京调研时提出了基层干部要到"三个地方"去。最近，市委、市政府召开全委会，要求区县干部、各级领导干部要到最困难的地方去、到群众意见多的地方去、到工作推不开的地方去。对涉及群众利益的问题早发现、早处理、早解决，牢牢把握维护稳定工作的主动权。群众利益无小事。各级领导要把群众的呼声、群众的意愿作为指导工作的第一信号，要把关心和服务群众作为各级领导的第一职责，要把群众的评价作为衡量领导政绩的第一尺度。我们的各级领导尤其是我们的基层领导，办事情、做工作、搞决策不能光看要求是不是来自上头，还要看呼声是不是来自下头；不能光看自己办的事情有没有兴头，还要看群众是不是有想头；不能光看办了事情自己有没有甜头，还要想一想不办这件事情群众会不会吃苦头。这六个"头"，孰重孰轻，孰大孰小，孰先孰后，是衡量各级领导干部真学"三个代表"还是假学"三个代表"的重要标志。敢不敢到最困难的地方去，敢不敢到群众意见多的地方去，敢不敢到工作推不开的地方去，也是衡量领导干部是真学"三个代表"还是假学"三个代表"的试金石和分水岭。

围绕这些问题，在建设学习型城区，加快农村城市化过程中还要正确认识和处理好六个方面的关系：

一是改革、开放、稳定三者的关系。改革、开放、稳定这三件事是中国大棋盘上最关键的三个棋子。领导干部尤其是基层领导干部要把这三个棋子摆对、摆好、摆正，不然你的帽子、你的位子就保不住。不管什么时候，都要把稳定作为头等大事，放在重要位置，牢牢掌握维护稳定的主动权。

二是经济体制改革、政治体制改革和社会体制改革的关系。对 SARS 的反思得出最基本的结论是三个失衡：一是经济与社会发展失衡，过去我们太注重经济了，忽略了社会发展；二是城乡发展的失衡；三是人口、环境、资源的失衡。这是最大的问题，也是制约全面小康最大的障碍。我们在座的都是农村干部。我也生在农村、长在农村，我想为我们农民说几句话。中国现在最大的问题，表面上看是收入差距，比收入差距更严重的是城乡差别。收入差距导致的是贫富分化，而城乡差别导致的却是身份歧视。贫富分化使社会失去公平，它会加剧社会的不稳定，而身份歧视使社会失去平等，它却在维系社会的"超稳定"。这种"超稳定"的背后是等级的存在、不平等的国民待遇和天差地别的利益分配。多少年来，农民在这样一个失衡的城乡二元结构的夹缝中生活。所以，光靠经济发展不能解决城乡差别。经济体制改革、政治体制改革和社会体制改革必须是协调发展。在经济体制改革取得举世瞩目的成果之后，大家总在讲要加快政治体制改革。实际上，比政治体制改革更现实、更成熟、更紧迫的是社会体制改革。它关系到老百姓的方方面面，和老百姓生活密切相关。尤其是人口与就业体制改革、教育体制改革、社会保障体制改革、社会服务体制改革、文化体制改革，这些都是我们面临的农村城市化过程中最紧迫的改革问题。

三是物质文明、政治文明、精神文明三者之间的关系。建设学习型城区要和物质文明相结合，优化发展环境；建设学习型城区要和政治文明相结合，强化基层党建；建设学习型城区要和精神文明相结合，深化文明城区建设。尤其是在朝阳区荣获全国文明城区之后，一定要抓住建设学习型城区这个契机，使文明城区建设再上一个层次、再上一个台阶。

四是新北京、新奥运和新朝阳三者之间的关系。从表面上看，新北京、新奥运、新朝阳是一个概念，实际上它是首都经济、奥运经济、CBD 经济。怎样认识这三者，一要把握首都经济、奥运经济、CBD 经济的制高点。制高点就相当于蒙古包中间的支撑物，支撑物越高，中间的空间越大；二要找准结合点。首都经济、奥运经济、CBD 经济共同的特点就是现代服务业，大力发展现代服务业，把现代服务业作为农村城市化过程中的一个产业支撑，在这个基础上形成农村城市化过程中的产业链；三要抓好切入点，农村城市化要用新型工业化、城市化、信息化进行对接，要把政府职能转变作为重要的突破口。

五是优化发展环境、建设学习型城区、深化改革开放三大任务之间的关系。我们要坚定不移地把建设学习型城区作为推动优化发展环境和深化改革开放的重要抓手，作为解决问题和推动工作的出发点和落脚点，作为实现"三化""四区"过程中发现问题、思考问题、研究问题和解决问题的方法。

六是农业、农民和农村的关系。这三件事看起来是一码事，实际上它们既存在联系又有区别。我们怎样用工业化、城市化、市场化、信息化的眼光和农业、农民、农村进行对接、转轨、互动，怎么建立联动机制、长效机制是一个值得研究的大问题。

把握农民需求

农村城市化是发展的必然，这是不能改变的。没有农村城市化就不可能实现全面小康，全面小康建设就是要靠农村城市化来实现。但是，在农村城市化过程中必然带来很多负面的效应。比如农民的失业问题、农民的社会保障问题、农民的教育问题、农民生活方式的更新问题、农民的合法权益被侵犯的问题，这些问题都是农村城市化过程中产生的负面效应，怎么样把负面效应转化成正面效应，需要我们每一个干部、每一个党员认真思考、分析和解决。

从农民的需求来讲，我讲四句话：尊重农民意愿，维护农民利益，把握农民需求，解决农民问题。什么是农民意愿？什么是农民利益？尊重农民的意愿就是稳定农民政策，政策的稳定度是衡量是不是尊重农民的意愿的最直接的标志。农民最关心的是政策，政策的稳定直接关系到农民的利益。最近，国务院召开全国进一步治理整顿土地市场秩序电视电话会议，就清理整顿各类开发区用地，加强土地管理做出部署。要求实行最严格的土地保护制度。各地区、各部门要坚决贯彻中央部署，严格执行土地管理法规，重点解决各类开发区违法、违规占地等突出问题。继6月13日央行发布121号文件之后，中央此次又要求"实行最严格的土地管理制度"，明确显示了政府通过规范房地产业进行国民经济周期调整的决心。完善土地产权与征地制度，重视民生，不仅仅是为应对经济周期变动而做的临时性政府调控，而有着社会、经济、政治的多重指向，蕴藏了重建房地产业秩序、重构社会利益格局的潜力。土地市场不规范一直是引发房地产泡沫危机的一大"祸首"。它引发的不止是经济风险，更值得关注的是社会风险。由于缺乏健全的配套措施，土地流转成为腐败渎职的重灾区，这种不规范最直接的后果就是农民和原住户的利益得不到保障。据北京有关人士消息，温家宝总理赞成对农村实施休养生息政策，认同逐步减免乃至最终取消农业税负的思路。专家透露，政府有望在 2010 年前后基本取消农民税收负担，统一城乡税制。温家宝表示："谁要是把税费改革弄清楚了，可以给他一个博士学位，这项改革太复杂了！""明末清初有个思想家叫黄宗羲，他提出一个'定律'：每次税费合并后都抬高了下一次农民负担的门槛。我想我们不能陷入这个怪圈，一定要跳出来，要下大力气减轻农民负担，今后每一年中央都要在这方面进行投入"。温家宝强调，农村税费改革后的农民负担要比改革前有较大幅度的减轻，做到村村减负，户户受益。国务院计划明年统一取消农业特产税。中国农业税制度改革的总体思路是：按照建立公共财政体制和现代税制的要求，逐步减少以至完全取消专门对农民设置的税制体系，使农民作为纳税人取得与其他社会成员平等的纳税地位，逐步统一城乡税制。市委、市政府讲基层干部要到"三个地方"。

因为，大凡这些地方，往往困难最多、问题最集中、矛盾最棘手、涉及面最广、影响也最大，也是群众最关心的地方，因而越是这些地方，就越需要干部尤其是领导干部，去深入实际，调查研究，解决问题，维护稳定，促进发展。

中国发展这么多年，最重要的一个经验就是稳定。如果没有这种环境，没有稳定的大背景，什么事情都干不成。各级领导要牢牢掌握维护稳定的主动权，具备驾驭复杂局面的能力。我们讲党建，干部要有五个能力，第一个就是驾驭复杂局面的能力。农民是中国最大的弱势群体，农民现在最缺的是利益代言人，谁代表农民说话呢？这个问题处理不好，麻烦会很大。

在建设学习型城区的过程中，结合农村城市化，怎么把握农民需求，也是一个大问题。在农村，最根本的问题是干部的"头脑"问题，最难的问题是农民不爱学的问题，最紧迫的问题是解决农民的实际需求问题。这种需求我想有四个方面：一要提高农民素质；二要转变就业观念；三要学习实用技术；四要更新生活方式。农村城市化过程中最根本的观念问题是两个"革命"：一是楼道革命，农民上楼表面上住进楼房，但生活方式照旧，垃圾杂物乱堆乱放；二是街道革命，没有上楼的农民习惯了在街道上乱堆乱放。如果农民能把楼道革命和街道革命这两个"革命"完成了，生活方式大的问题就解决了。学习型街乡、学习型农村的建设应该从这两个方面抓起。

农民最关心的是三大问题：一是失业、就业和创业问题。二是社会保障问题。三是教育问题。农村城市化过程中，农民最大的苦恼就是失去了土地。最近，浙江出现中国首批350万失业农民。如果农民没田可种、没工可打，就可以到政府指定机构进行失业登记。每月还可以获得400元的社会统筹保障。6月30日出台的全国第一个农民失业标准——《浙江省城乡统筹就业试点工作标准》，已让浙江10个市县350万失业农民有了实实在在的保障。这无疑是社会的一大进步。按说本来是好事，但问题的另一方面，承认农民失业，就要解决农民的就业问题，给失业农民待遇，就要增加社会保障支出。这又必须依靠经济发展提供就业岗位和财源保障。据说，北京新型合作医疗已全面启动。农民也可像城镇职工一样，看病按比例报销。从先行试点大兴区经验看，每位农民一年自掏30元，看病最高可报5万。农民问题是各级领导最头疼的，叫"四个不得"，即怪不得、急不得、松不得、等不得。过去，老人家讲，严重的问题是教育农民。在建设学习型城区过程中，更严重的问题是教育我们的干部学会善待农民。

把握政府角色

我们传统意义上的政府是一个无所不能、无所不包、无所不干的政府。政府应该干什么，尤其是在农村城市化过程中，政府承担什么样的角色至关重要。农村是自治组织，进了城市社区又是自治组织，这是政府面临的最大挑战。农村干部面对的一方面是农村自治组织，一方面是社区自治组织，政府和自治组织是引导和被引导、指导和被指导的关系，不是领导和被领导的关系。现在很多干部没有战略眼光、没有超前思维，再用旧的管理方式恐怕不能长期适应农村城市化的需要。

那么，政府该干什么。我想有三件事：一要干很少的事。什么是很少的事？归纳起来叫"五公""四政"，"五公"是指公共产品、公共设施、公共服务、社会公共生活和公共安全；"四政"是指行政、财政、市政和民政。政府只管这些，其他的交给市场和社会去做；二要干正确的事。什么是正确的事？一般说来，制定规则、披露信息、维护公平、实行监管；三要干简单的事。简单的事可以概括为六个字，取消、减少、简化。一切不合理的政府管制都要取消；行政审批尽量减少；审批手续和环节尽可能简化。在 SARS 之后，政府有关部门出台了一项"新政策",对在京就读的外地人口实行"外省市在京就读批准书",没有北京市户口的外地人员,他们的子女在北京上学,要到居住地街道办事处办理"批准书"。这个"批准书"很复杂,要提供很多证明、证件、手续,最主要的一条要提供户口所在地派出所出具的证明。那么,你回当地派出所去开这个证明,当地派出所说,你在北京工作十多年了,我们怎么知道你在那里的情况,我们没办法给你开。如果要我们开,那你得先让北京的派出所给我们开一个。这是一件对于老百姓很难办,但又不能不去办的事情。这就叫政府管制。如果为群众着想,这样的管制我看还是不要的好!

转化政府职能,是农村城市化过程中最紧要的一个问题。从理论上讲叫"四化",即强化宏观调控职能、弱化政府管制职能、分化市场干预职能、转化社会服务职能。从实际看,农村城市化涉及的问题很多,比如资产处理、土地征用及补偿政策、农民安置,等等。朝阳区农村城市化步伐很快,现在已有5个乡同时设立了地区办事处,正在向城市化逐步转轨和对接,这是个好经验,是农村城市化中的创新,在全国有典型意义和推广价值。

把握学习本质

学习型城区是现代文明城区的更高形态，是更先进的城市发展模式，是提升城市形象、提升城市价值和提升城市竞争力的重要载体。学习的本质是提高学习力、创新力和竞争力。什么是学习力？学习力是把知识转化为价值的能力，是知识总量、知识质量、知识流量和知识增量的综合效应，一句话就是一个人、一个组织对知识的占有、使用、传播的能力。什么是创新力？创新是干前人没有干过的事情，是在没有路的地方走出路来。创新是对市场需求的兴奋和敏感，是自我否定，是打破原有秩序，是伤筋动骨的改革。创新也是"照虎画猫"，是资源整合，第一模仿就是创新。人无我有，人有我新，人新我优，人优我变是创新的基本规则。什么是竞争力？竞争力是一个综合概念。对城市而言，它包括城市实力、城市能力、城市活力、城市潜力和城市魅力。它是这五个力的集合。不管是学习力、创新力还是竞争力，最根本的问题就是学会发现问题、思考问题、研究问题和解决问题的方法，怎样学比学什么更重要。

从现实的角度讲，我们要把建设学习型城区与农村城市化联系起来、结合起来。一要贴近实际、贴近生活、贴近群众；二要学会想问题、抓落实、找规律；三要读好书、交高人、见世面；四要走出去、请进来，内外联动；五要边学习、边转化、边促进。一方面，要树立大学习观、大开放观、大发展观、大朝阳区；另一方面，要结合实际、实事求是、实实在在、扎扎实实、落到实处。按照士祥书记的讲话，建设学习型城区，要想问题、抓落实、找规律，力戒形式主义；边学习、边转化、边促进，务求实效。

建设学习型街乡、农村是一个非常艰巨的、长期的、基础性的任务，它关系到朝阳区乃至首都的发展。作为担负农村重任的各级领导一定要抓住这个契机，通过建设学习型城区的各项实践，提高我们的执政能力，促进城市形象提升、经济发展提速，干部群众素质提高，为打响朝阳品牌，实现现代文明城区做贡献。

（2003年8月1日在北京市朝阳区建设学习型地区、乡、村动员大会上的主题演讲）

后 记

  2014 年 2 月 19 日，我在四川广安邓小平铜像广场参加了小平同志逝世 17 周年纪念献花活动，缅怀中国人民的好儿子邓小平的丰功伟绩。1978 年党的十一届三中全会上，邓小平提出以经济建设为中心的宏伟战略，推动改革开放大潮汹涌前行。35 年的改革历程，中国人民的面貌、社会主义中国的面貌、中国共产党的面貌发生了翻天覆地的变化。中国一跃成为世界第二经济大国，中国人民从此富起来了。

  改革开放也催生中国进入城市新时代。人口向城市集中，土地向城市扩张，产业向城市集聚。一张越摊越大的"城市饼"日趋蔓延开来。人口过快无序增长，交通严重拥堵，空气污染，水资源短缺，高房价与大杂院并存，"大城市病"正困扰着城市的每一个人。

2014年2月25日，习近平总书记考察北京。他在详细了解北京城市规划、历史文化风貌保护、水资源及污水、垃圾、雾霾治理、轨道交通等工作后，对推进北京发展和管理工作提出五点要求。一是要明确城市战略定位，坚持和强化首都全国政治中心、文化中心、国际交往中心、科技创新中心的核心功能，深入实施人文北京、科技北京、绿色北京战略，把北京建设成国际一流的和谐宜居之都。二是要调整疏解非首都核心功能，优化三次产业结构，优化产业特别是工业项目选择，突出高端化、服务化、集聚化、融合化、低碳化，有效控制人口规模，增强区域人口均衡分布，促进区域均衡发展。三是要提升城市建设特别是基础设施建设质量，形成适度超前、相互衔接、满足未来需求的功能体系，遏制城市"摊大饼"式发展，以创造历史、追求艺术的高度负责精神，打造首都建设的精品力作。四是要健全城市管理体制，提高城市管理水平，尤其要加强市政设施运行管理、交通管理、环境管理、应急管理，推进城市管理目标、方法、模式现代化。五是要加大大气污染治理力度，应对雾霾污染、改善空气质量的首要任务是控制PM2.5，要从压减燃煤、严格控车、调整产业、强化管理、联防联控、依法治理等方面采取重大举措，聚集重点领域，严格指标考核，加强环境执法监管，认真进行责任追究。

习近平总书记对北京的要求，本质上就是对城市工作的要求，折射出城市发展中存在的问题和差距。对城市工作者来说，重大而紧迫，任重而道远。

编辑出版这样一本集子既是偶然又是必然。所谓偶然，是在10多年前的一个冬天，由田源、王巍、刘东华、李俊和我在黑龙江亚布力发起了一个"中国企业家论坛"。之后，田源邀我一同去瑞士考察，在访问瑞士洛桑国际管理学院之后，萌发了回国创建北京国际城市发展研究院的想法，一晃10多年过去了，我也走在城市边上，边走边学研究城市。

所谓必然，是因为北京国际城市发展研究院成立之初，就高度关注国际化大都市的成长和发展规律，即什么样的城市是最好的城市。10多年时间，我们经历了学习型城市、北京奥运会、中国特色世界城市、北京新机场临空经济区以及首都经济圈和京津冀一体化方面的研究，当然也汲取和总结了国内外大都市发展的经验教训。从新疆乌鲁木齐中亚自贸区研究到深港同城化探索，从杭州生活品质之城到重庆内涵式发展之路，从法德经验到美日模式，我们做了广泛而深入的分析，提出不少建议，出了不少成果。在此基础上，形成了城市价值链理论，对什么样的城市是最好的城市也做了理论与实践的初步思考，这是本书成稿的重要基础。

必须肯定，这本书是众人智慧的结晶。2004 年，我们创办"国际城市论坛"（前身为"中国城市论坛"），历时十届。本书的很多观点就是这个平台交流的结果。特别是汲取了国内外众多政府官员和资深专家学者的理论营养和学术观点，必须给予诚挚感谢！他们是陈昊苏、谢伏瞻、高尚全、赵长茂、李君如、李士祥、陈刚、程红、程连元、韩子荣、吴桂英、王少峰、王翔、王力军、佟克克、辛燕琴、陈宏志、张革、谢莹、刘军胜、马胜荣、周锡生、蒋明麟、陆学艺、李慎明、李培林、井顿泉、冯佐库、牛凤瑞、牛文元、曲星、朱明德、朱相远、刘福垣、常修泽、苏志武、李晓西、文魁、杨开忠、杨保军、肖金成、何东平、何加正、余斌、包月阳、宋灵恩、张坚、张汉亚、张延平、彭真怀、张春生、陈光金、陈淑云、周宏春、郑杭生、赵丽江、钮文新、俞孔坚、饶及人、贺丹、戚本超、倪虹、郭学堂、黄仁伟、杨迎泽、曹俊、龚维斌、樊杰等。

还要感谢为这个论坛付出辛劳和智慧的国际顾问：联合国前副秘书长金永健、中国人民对外友好协会原副会长王运泽、中国前驻英国大使马毓真、中国前驻法国、瑞士大使蔡方柏、中国前驻德国大使卢秋田、中国前驻瑞典大使唐龙彬、中国前驻纽约大使衔总领事、驻约旦大使邱胜云、中国前驻阿尔及利亚、突尼斯兼巴勒斯坦、黎巴嫩、埃及大使安惠侯、中国前驻阿根廷、巴西、墨西哥大使沈允熬、中国前驻马来西亚、文莱、泰国大使金桂华、中国前驻欧盟、比利时大使宋明江、中国前驻秘鲁、智利大使朱祥忠、中国前驻芬兰、爱尔兰大使郑锦炯、中国前驻韩国大使张庭延、中国前驻缅甸、新加坡大使陈宝鎏、中国前驻马来西亚大使钱锦昌、中国前驻土耳其大使、驻悉尼大使衔总领事吴克明、中国前驻美国旧金山大使衔总领事郑万珍、中国前驻坦桑尼亚、尼日利亚大使王永秋、中国前驻英国大使馆公使、驻葡萄牙、丹麦大使王其良、中国前驻纳米比亚大使廉正保、中国前驻科威特、巴林、阿曼大使管子怀、中国前驻瓦努阿图和基里巴斯大使杜钟瀛、中国前驻挪威、葡萄牙大使马恩汉、中国前驻奥地利大使、驻德国汉堡总领事王延义、中国前驻中非、喀麦隆大使王四法、中国前驻日本大阪、福冈总领事、前外交部大使王泰平、中国前驻蒙古大使齐治家、中国前驻奥地利大使卢永华、中国前驻阿联酋大使张志军、中国前驻泰国宋卡、美国休斯顿总领事华锦洲、中国前驻瑞士苏黎世兼驻列支敦士登公国总领事陆文杰、中国前驻瑞典哥德堡总领事高锋等。

　　还有很多人，包括北京国际城市发展研究院和北京国际城市论坛基金会的领导和同事。也要感谢为本书出版付出心血的当代中国出版社领导以及责任编辑李一梅、美术编辑胡凯和院长助理李瑞香。没有他们，本书与读者见面还遥遥无期。

　　2014 年 2 月 27 日于香港湾仔